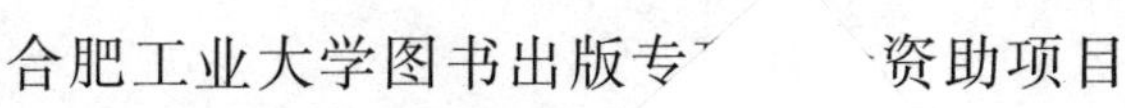

合肥工业大学图书出版专　　资助项目

生物标本制作简明教程

王军辉　刘　咏　李强明　编著

合肥工业大学出版社

前　言

生物标本是指保持生物实体原样或对其进行特殊加工处理后，用于学习、研究、展示等的动物、植物及微生物的完整个体或实体的某一部分。生物标本的意义主要体现在其对科学研究、科普教育及国家经济建设的特殊作用，是鉴定生物物种的主要依据，是研究物种分布、系统发育等的实物证据资料，是生物多样性政策制定的科学依据，也是优美的生物工艺品。《生物标本制作简明教程》一书简要介绍了生物标本的制作发展历程、主要种类及其制作的大致方法、生物标本制作好坏的评价标准、生物标本的保存条件、生物标本的现代制作工艺等。通过该课程的学习，学生可以初步了解生物标本的制作，很好的普及生命科学基础知识，培养生态环境保护意识，是一门很好的大学通识教育课程。

本教材的编写思路、内容体系、技术积累与资料收集主要来源于课程组十几年的教学积累与实践，立足于目前大学生生物标本制作的相关课时较少，学生并不能很好了解与掌握现状。本教材篇幅简洁明了，较为凝练地叙述了动植物标本的制作流程以及标本相关储藏与管理工作，即查即用，便于读者快速了解生物标本领域的大致情况，是一本相关专业学习者与生物标本制作爱好者用于入门参考的简明教程。

本教材在编写过程中参考了大量专家学者的文献和研究资料，除参考、选取了列举于书后参考文献中的部分内容外，还参考了其他著作、书籍、报刊及网络资料，吸收了其中不少有益的见解，在此一并表示感谢！限于水平和时间，书中难免有疏漏之处，敬请各位专家、老师和同学不吝赐教。

编　者

2022年6月

目　录

第 1 章　生物标本制作简史

生物标本在生物学科研、教学及科学普及工作中占有重要的地位。在科学研究方面，它是新种发表和新分布区记述的唯一可供检查和研究的证据。分类学的发展在很大程度上得益于研究人员对世界各地博物馆所收藏的成千上万的生物标本的比较研究。在教学和科学普及宣传方面，一件栩栩如生的标本是最好的教具，它给观察者留下的记忆可能是终生难忘的。我国是生物资源异常丰富的国家，有着生长在亚寒带、温带、亚热带、热带等多种环境的生物资源，其中很多是特产种。因此，有计划地、系统地进行科学采集和标本制作、收藏，是具有重要意义的一项工作，它不仅能反映当地动植物区系的现状，也能反映其在人类影响下的历史变迁。

第 1 节　概　　述

1. 什么是标本

标本是再现死亡动物形象的一门工艺，“标本”一词的英文来源于古希腊语，意为“运动着的皮张”，实际上就是利用工艺将死去动物的皮毛、羽毛和头骨进行加工处理后，安放在人造的身体模型上，重塑它们活着时的形态，既让它们栩栩如生，同时又能永久保存。现代标本制作术是一门将艺术、木雕、化工和模具铸造等不同学科和技术融合在一起的精微工艺。

“标本”一词在中国古代中医里就有。“标本”主要指经脉腧穴分布部位的上下对应关系。“标”原意是树梢，引申为上部，与人体头面胸背的位置相应；“本”是树根，引申为下部，与人体四肢下端相应。

2. 标本的作用

（1）系统的研究

建立标本对物种系统研究具有重要意义。《科学》杂志就曾收到过来自各个大学及博物馆的百余位科学家的联名信，他们为收集标本辩护。地球上大多数物种都不为人所知，如果没有标本，就无法获得保护这一物种所需要的相关数据。“凭证标本”是记录一个物种存在的最高标准。美国自然历史博物馆鱼类专家卡罗·鲍德温（Carole Baldwin）认同这种业内做法，如许多海洋生物不采集标本就无法进一步研究，光靠照片和 DNA 不能证明某种新的鱼类物种的发现。

（2）命名的依据

模式标本即作为规定的典型标本，在确定及发表某一群生物的学名时，应指出此学名的特征与作为分类概念标准的模式标本，但并不一定限于此群的典型代表。以前人们并未重视这个典型观念，因此造成许多标本未能保存下来。

现在实行的命名法规，在植物方面以卡尔·冯·林奈出版的《植物种志》第一版（1753）为基准；在动物方面则以卡尔·冯·林奈的《自然系统》第十版（1758）为基准（见图 1－1）。

CAROLI LINNÆI

SPECIES PLANTARUM,

GENERA RELATAS,

SYSTEMA SEXUALE

TOMUS I.

HOLMIÆ,

（a）《植物种志》

CAROLI LINNÆI

EQUITIS DE STELLA POLARI,

SYSTEMA NATURÆ

PER

REGNA TRIA NATURÆ,

SECUNDUM

CLASSES, ORDINES, GENERA, SPECIES,

CUM

CHARACTERIBUS, DIFFERENTIIS, SYNONYMIS, LOCIS.

TOMUS I.

EDITIO DECIMA, REFORMATA.

HOLMIÆ,

IMPENSIS DIRECT. LAURENTII SALVII,

1758.

（b）《自然系统》

图 1－1　卡尔·冯·林奈的著作

相邻物种间的外貌差异有时并不显著，为了使各种植物的名称与其所指的物种之间具有固定的、可以核查的依据，在给新物种命名时，除了要有拉丁文的描述（或特征集要）和图解，还需要将研究和确立该物种时所用的标本赋予特殊的意义，尤加重视，并永久保存，作为今后核查的有效资料。这种被用来作为种名根据的标本称为模式标本。模式标本是物种名称的依附实体，是“名称的携带者”。作为植物属名根据的种，称为模式种。

（3）命名分类群的依据

供作命名植物分类群的依据即证据标本。证据标本几乎皆为标本馆所保存的腊叶标本，这是由国际植物命名法规（ICBN）所规定的，每个科以下阶层的学名皆与模式标本相互联结在一起，这些模式标本便是由命名者在许多标本的收藏当中特别选择作为证据标本的。

（4）提供多种资讯

野外采集标本时所记录下的资讯很重要，可供多种用途。目前许多较大标本馆已把标本的资料数位化，供作计算机的数据库，除可供形态学、生态学、物候学及地理学的利用，还能用来理解许多生物学上的问题（如族群大小、稀有程度等），这对于植物系统学、生态学、保育生物学的生物多样性资料的建构极具价值。

（5）教学价值

标本在教学中的价值主要体现在可作为直观教学工具发挥作用，作为教学材料保证实践教学，通过制作标本提高学生的动手能力。

（6）观赏作用

作为天然工艺品的标本开始在国内市场走俏。这些栩栩如生、充满动感的珍奇标本工艺品进入了一些家庭宅院，寓意吉祥等，同时也成了公司、大酒店等悬挂的用于美化环境的优良选择。

目前欧美发达国家的野生动物标本制作随着各国狩猎业的发展已成为一项涉及多个行业的产业，从动物标本制作的模具、相关制作材料的生产到标本制作工艺和技能都有专门的服务公司。

第 2 节　标本的发展简史

1. 国外标本的发展简史

几千年前人类第一次捕获到野兽时，他们发现兽皮可以用来遮衣蔽体、挡风御寒，当他们在狩猎前举行宗教仪式时，把兽皮披在用石头和泥巴堆成的动物形象上用于祭祀，这可能就是动物标本雏形。

后来随着时间的推移，保存皮张的技术得到改进，对皮张的需求也越来越大，兽皮剥制加工者已成为当时部落中最重要的成员之一。

具有真正意义的动物剥制标本制作起源于300年前的英国。18世纪初，欧洲国家开始用化学方法防护动物皮肤、毛羽，以免其腐坏或虫蛀，并用干草填充动物皮张，再将其缝合。随着动物皮制备方法的迅速改进，这些国家发明了将动物的皮固定在标本架上的技术。

20世纪早期，动物剥制技术先驱者们开发了解剖学上精确的模型，这些模型把动物的每块肌肉及筋骨的每个细微处以富有美感的姿态融合在一起，制成了逼真的、精确度极高的动物标本。这一技术成为今天动物剥制技术发展的基础。

20世纪后期剥制技术融入了许多种工艺，如木工工艺、制革法、铸模及铸造，在动物剥制技术发达国家，现代动物剥制技术已经逐渐演化为展现野生动物艺术的形式。

一百多年前，西方的动物标本剥制技术传入我国。我国的标本采集与收集工作最早是伴随着西方列强向中国进行政治、经济、文化侵略开始的，西方传教士到我国采集动物标本时雇佣猎人和向导，并教授了他们采集制作动物标本的方法，制作的标本主要提供给外国人做生物研究。

2. 我国标本的发展简史

我国传统的兽类剥制与收藏是在欧洲的基础上发展起来的，并形成了具有自己风格的两大派系，即“南唐北刘”。南方以唐家为代表，1896年始于福建，第一代创业者为唐旺旺先生和唐启秀先生；北方以刘家为代表，1908年始于北京，第一代创业者为刘树芳先生。源于中国南方的“标本唐家”与源于中国北方的“标本刘家”，被称为中国标本制作传统技艺领域的两大世家，素有“南唐北刘”之誉。

“标本唐家”五代人，在100多年间专门从事动物标本制作工作，成了世界著名的制作动物标本的世家。“标本唐家”在动物标本制作上对中国乃至世界有重大贡献是从第二代唐启旺开始的。“标本唐家”源自福州，唐春营采用欧式技法始创的“唐家标本制作技术”，是现在中国唯一一个从事动物标本制作的家族，是中国许多地域动物标本制作的先河，其标本制作技术以讲求动物的动态和灵气而著称。

“标本刘家”的技艺将保护、饲养、繁殖野生动物和制作标本融为一体，擅长制作中国及世界上其他范围的哺乳动物标本。在制作手法上习惯采用“假体法”，在标本结构的准确性、坚固性以及在造型上和对环境的适应性上，都具有自己的特色。

第 3 节　生物标本的分类

根据不同的分类标准，生物标本的类型也是多种多样的。生物标本按生物类群，可分为动物标本、植物标本、菌物标本和藻类标本等；按标本的用途，大致可分为研究用标本和展示用标本；按制作工艺，可分为剥制标本、浸制标本、干制标本、蜡叶标本和玻片标本等；按保存内容，可分为整体标本、皮张标本、骨骼标本、组织器官标本等；按科学意义，可分为模式标本、珍稀濒危生物标本、特有生物标本和普通研究用标本等。

1. 动物标本的分类简介

（1）剥制标本

剥制标本就是将动物皮张连同上面的毛发等衍生物一同剥下制成的标本，其可作为动物实体存在的一个证据，主要用于动物学研究、科普及观赏。

假剥制：假剥制实际上也完成了剥皮的过程，只是不再将皮张还原成原来动物的姿态，而是简单地展示皮张上体现的特征。

真剥制：真剥制就是将动物皮张还原成动物的生活姿态加以展示，也称为“姿态标本”。

（2）浸制标本

动物浸制标本的制作原理是利用化学药物的固定与防腐功效，使生物体的原生质凝固以防止细菌或其他微生物的作用，从而使标本不致腐烂而长久保存。

浸制标本分为整体液浸标本、整体解剖液浸标本、器官系统解剖液浸标本、个体发育液浸标本。

（3）干制标本

含水较少的小型动物或动物外壳，如昆虫、贝壳和甲壳类等，仅需要稍做加工，待干燥后即可制成完整的或部分的标本，这类标本称为干制标本。干制标本若能妥善管理，可长期保存。

（4）骨骼标本

骨骼是支持动物的体形、保护内部器官、供肌肉附着、作为肌肉运动杠杆的支架。骨骼标本是供研究骨骼系统用的。一般将骨骼经过剔肉、脱脂、漂白过程，并按照动物的自然状态、位置串连安装成整体的骨骼标本。

2. 植物标本的分类简介

植物标本就是指将全株植物或植物的一部分经过采集和适当的处理后使其能长期保持其特征的标本（见图 1－2）。把干制的植物标本装订在台纸上，作为永久的记录加以保存的方法是意大利人卢卡·吉尼在 16 世纪首创的。目前，植物标本根据处理和保存的方法不同，主要可分为腊叶标本、浸制标本、风干标本、沙干标本以及叶脉标本。

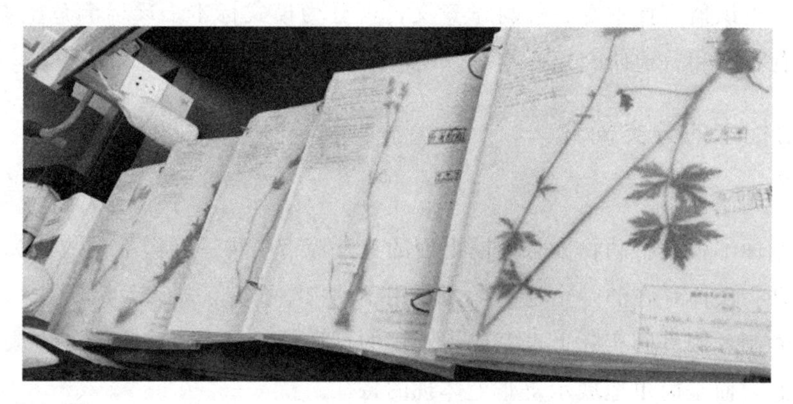

图 1－2　植物压制标本

（1）腊叶标本是指植物体经过采集、压制、完全干燥后，装订到台纸上制作成的标本。

（2）浸制标本是指植物经过采集后，用药剂将其浸渍到标本瓶中的标本，其通过防腐手段保存。

（3）风干标本是指植物经过采集后，置于空气流通处风干（自然干燥）后保存于标本瓶、标本袋或标本盒内的标本。

（4）沙干标本是指植物经过采集后，用干沙包埋起来，待其完全干燥后能保持原来的生活状态的标本。

（5）叶脉标本是指专门采集植物叶片，在除去其叶肉后，经漂洗、漂白、染色、压干而成的标本。

第 4 节　标本的管理

标本在入库后便进入管理和使用阶段，需要进行规范化管理。任何未经专业处理的标本不得进入标本馆，未经鉴定的标本可在标本馆内按地区或类群单独放置，经鉴定入馆的标本应按照分类系统顺序排列存放。

生物标本馆的日常管理与维护的基本工作包括标本的接收登记、标本消毒处理、标本制作、拴插粘贴标签、馆藏登记、相关信息的数据库录入、入柜储藏、日常维护、查询或借用管理、重新归位等。随着计算机数据库技术的推广应用，建立标本信息管理系统并将标本信息进行数字化管理，已成为生物标本馆现代化管理的手段和趋势。

1. 标本的入库与建档

（1）标本管理人员接收送交标本时，应根据清单当面核对标本的种类及数目，并登记内容，所登记内容通常应注明标本数量、产地（国家或省、直辖市、自治区）、送交人与接收日期、标本所隶属的分类阶元（经过鉴定的标本）、标本性质（赠送、交换、购买、采集）等。

（2）对新接收的标本或归还的标本，需检查标本本身质量和有无采集标签、鉴定标签以及标签记录项目是否齐全和正确，以保证标本质量；需进行必要的消毒处理，根据需要将标本放入相应的保存器具中，并加入适量保存药品。

（3）根据标本馆的管理模式给予每个标本相应的馆藏标本号，该馆藏标本号可以为入库标本的顺序编号或其他方式的编号，但馆藏标本号必须是唯一的。推荐使用激光打印机打印标签。在登记信息或写标签时，若需要手工书写，推荐使用中性签字笔或黑色碳素墨水笔，书写时应当字迹工整、清晰，书写拉丁学名时推荐使用印刷体。

（4）将带有馆藏标本号的标本标签与标本连在一起。例如，植物标本的标签通常贴在标本台纸或标本袋上，菌物标本的标签通常贴在标本袋或标本盒上，动物标本的标签通常拴系在标本适当的位置上或用针插等方式与标本联系在一起，玻片标本、骨骼标本、贝壳标本等的馆藏标本号可直接书写在标本上。

（5）将馆藏标本号、标本的拉丁学名、野外号、采集地（包括经纬度）、采集时间、采集人等有关信息录入标本信息管理系统，或将其登录在馆藏标本登记（帐）簿上，并可根据需要建立标本档案卡片。

（6）标本在标本馆中应按字母顺序或按分类系统排列，标本的排列应有相对固定的位置和规律，一旦确定，则要在相当长的时间内保持稳定，以便于查找和管理。建议采用现行的分类系统顺序放置标本，同科的标本按属种字母顺序排列摆放，并在各纲、目、科、属之间留有可扩充增量标本的空间。

（7）尚未研究定名的标本以及尚未正式办理馆藏入库手续的标本，应暂时存放在标本缓冲间（区），并进行详细登记。标本缓冲间（区）的标本通常需要经过研究鉴定后，才能正式办理馆藏入库手续。

（8）用计算机管理标本信息的标本馆，可将馆藏标本号制作成条形码形式，当标本入库时，赋予每个标本一个条形码，并拴系或粘贴在标本上，以此标明该标本及其附带的信息。

2. 标本其他资料的管理

（1）野外记录及文献资料的管理

野外采集本、原始文献（指发表新分类阶元或新纪录的文献）等均是极为重要的科学资料，标本馆应统一妥善保存管理。

（2）传统照片的管理

将存档的照片及其资料说明放入专用的相册内，与标本分开保存。根据种名或标本号对每张照片做标记和归档，用一个索引卡标明主要内容，同时输入数据库，以方便查找使用。条件许可时，还可将每张照片扫描成数码照片存储于计算机中。

（3）数码照片、录像、录音资料的管理

应根据物种或标本分别做出标记，及时转出并刻录在光盘上，按照一定规律存入计算机保存，以方便查找使用。数码照片、录像、录音等资料保存的资料区需放置在远离热源、避光、防潮的地方。

3. 标本信息数字化管理

有条件和库存丰富的标本馆，应建立馆藏标本信息管理系统，并通过网络实现共享。标本信息包括所有与标本相关的信息，为保证数据安全，建议分别设立内网、外网两台服务器。内网服务器为录入数据和保存数据的主服务器，不实行网络共享；外网服务器定期从内网服务器进行数据拷贝，实行网络共享。标本信息数据应定期做备份，并采取异地存放的方式进行保存。

第 5 节　相关拓展

1. 标本制作与伦理道德

用于制作标本的材料的来源必须遵守各类法律法规，标本制作过程要符合伦理道德规范要求。任何目的的标本制作均不能危害到物种的生存。动物标本的制作要通过合法途径获得动物来源。2011 年，来自古巴的艺术家恩里克·戈麦斯·德·莫利纳创作了一批合成动物标本，由于这些动物或器官属于非法使用，作品中出现的一些动物在莫利纳购买时仍然是活的，它们因这件作品而死，不久后，莫利纳被判入狱 20 个月。

2. 相关书籍

清华大学出版社出版的《动物学野外实习指导》主要介绍了动物学实习的准备及基础知识、实习中所遇到的生态环境类型和代表动物等内容。

河南科学技术出版社出版的《中国国家植物标本馆（PE）模式标本集》是在近 2 万份模式标本中遴选出的一份重要的馆藏模式标本，共计 6000 份，扫描成 6000 幅超高清彩色照片，经整理后编撰而成，为国内乃至东亚地区的全植物模式标本汇集。

《亚洲鸟类图鉴》是英国著名鸟类学家约翰·古尔德的重要作品之一。全书共有 530 幅色彩艳丽的鸟类插画，其中收录的鸟类分布范围涵盖了中亚、南亚次大陆、中国、东南半岛、马来群岛和菲律宾群岛等地。

3. 相关法律

《中华人民共和国野生动物保护法》《实验动物管理条例》《中华人民共和国野生植物保护条例》等。

思 考 题

(1) 标本的定义是什么?

(2) 标本有哪些作用?

(3) 简述标本的发展简史。

(4) 生物标本的分类有哪些?

(5)《中华人民共和国野生动物保护法》的基本内容有哪些?

第 2 章　植物腊叶标本的制作

第 1 节　概　　述

1. 植物腊叶标本

植物腊叶标本是指在适当的季节，采集植物全株或一部分，经过压制、定型，待植物体完全干燥后，经消毒、装订固定于台纸上，再经过填写采集记录和植物分类鉴定而成为的植物标本。腊叶标本又称压制标本，是干制植物标本的一种，也是最常见的植物标本。

2. 植物的研究与分类

卡尔·冯·林奈，瑞典博物学家，动植物双名制命名法的创立者。卡尔·冯·林奈自幼喜爱花卉，曾游历欧洲各国，拜访著名的植物学家，搜集大量植物标本。他 1735 年出版了《自然系统》，1737 年出版了《植物属志》，1753 年出版了《植物种志》，这些著作对动植物分类研究的进展有很大的影响。

卡尔·冯·林奈首先构想出定义生物属种的原则，建立了人为分类体系和双名制命名法。在他看来："知识的第一步，就是要了解事物本身。这意味着对客观事物要具有确切的理解；通过有条理的分类和确切的命名，我们可以区分开认识客观物体——分类和命名是科学的基础。"《自然系统》一书是卡尔·冯·林奈人为分类体系的代表作。卡尔·冯·林奈的植物分类方法和双名制命名法被各国生物学家所接受，他的工作极大地促进了植物学的发展，因此，他是近代植物分类学的奠基人。

钱崇澍，植物学家，教育家，中国近代植物学奠基人之一。他毕生从事植物学研究、教育和组织工作。中国植物种类繁多，英、法、德、美等许多国家的科学家曾多次来我国调查植物资源和采集植物标本，我国大批标本包括珍稀标本、模式标本流落国外。钱崇澍对这种状况早就不满，他怀着满腔救国激情，决心要更快地将自己学到的近代植物学知识播种在祖国大地上，让知识生根、开花、结果。他克服了人力、物力和财力上的重重困难，以极大的热情和毅力，致力于在国内建立和发展近代植物学的研究工作。

钱崇澍在植物分类学、植物生理学、植物生态学和地植物学所做出的贡献，为我国近代植物学学科的建立奠定了基础。钱崇澍还是一位出色的组织者和领导者，他呕心沥血为我国培养了许多植物学人才，真正是“桃李满天下”，他的不少学生如秦仁昌、李继侗、郑万钧、曲仲湘、方文培、杨衔晋等，都已成为国内外知名的植物学家。

3. 植物腊叶标本的价值

植物标本在科学研究中的价值主要是为新种发表提供实物证据，为系统进化、生物多样性及濒危物种保护等研究提供遗传信息，是人类认识自身赖以生存的环境，了解植物与环境、与人类之间相互关系的一种重要途径。

腊叶标本是研究植物分类区系、形态解剖与系统进化的重要实物依据，对于植物分类工作意义重大，它使得植物学家在一年四季中都可以查对采自不同地区的标本，且可弥补鉴定过程中图像和标准文字、文献记录的局限性。

目前一些大的植物标本馆往往收藏了百万份以上的腊叶标本，植物学家借助这些标本从事描述和鉴定工作。16 世纪后半期植物分类学的迅速发展在相当大的程度上是由腊叶标本这种新技术促成的。腊叶标本的意义并不局限于植物分类学的研究，它还可以作为直观教学工具发挥作用，作为教学材料保证实践教学开展，通过制作标本提高学生的动手能力。除此之外，腊叶标本的采集与制作在普通人眼里更多的是出于一种对自然与生命的感悟。

第 2 节　植物腊叶标本的制作方法

1. 植物的采集

采集植物的主要目的是获得研究、教学、科普展示等所需要的植物标本原材料。在植物标本制作中，采集技术非常重要，标本的采集实际上就是对植物本身及其生长环境的信息的收集，采集工作进行得越彻底，标本的研究价值就越大。

（1）采集前准备

采集工具包括海拔仪、皮尺、树围尺、照相机、剪枝剪、挖根铲、放大镜、标本夹、绳子、吸水纸、标签、采集袋、遮光袋、镊子、铅笔、转笔刀、防护手套、止血贴等。根据采集植物标本的用途，制作野外植物调查记录表等资料。

（2）采集（见图 2-1）

① 木本植物

应选择长 35 cm 左右，二年生，有花和（或）果，且生长正常的枝条进行采集。采集到的植物应包括主要粗枝条，并将其斜剪以显现其木材纹路及心髓；所有枝叶需要压置于报纸内，太长的可反折以一斜角与原枝相叠；枝叶过密的可剪去部分枝叶，但需要保留分枝处或叶基，使之便于干燥并能被装贴固定在一张台纸上。

图 2-1　植物采集

② 木质藤本植物

在采集木质藤本植物的过程中，针对叶形、攀缘器官等特征的不同，可以分段采集各部（每段至少包括两个节，以显示节间长度），再把各段合起来，就得到一份完整的标本。除此之外，在采集中还需详细记录其长度、被缠绕植物的名称、缠绕方向等信息。

③ 草本植物

根据草本植物高度的不同，需运用不同的采集方法：高度为 20 cm 的小型草本，应将多株合为一份标本；高度为 30～40 cm 的草本植物，应全株挖起单独作为一份标本；高度为 70 cm 及以上的大型草本，则可折成“N”形或“V”形，最长段小于 30 cm，使其适合于一般台纸长度。对于高度较高、不能整株压制在一张台纸上的 1 m 左右的高大草本，采集时应先连根挖出。

在采集矮小草本或地下茎的草本植物时，应注意连根部或地下部一起采集；

对于匍匐草本、藤本植物，应注意采集主根和不定根，匍匐枝过长时，也可分段采集。

④ 特殊类型植物

水生植物：与陆生植物不同，水生植物的采集技术有其特殊性。首先，应保证植株的完整性；其次，采集的标本应采取去污措施并展平植株各部分。

大型叶植物：像棕榈科、芭蕉科、天南星科等大型叶植物，它们的叶子和花序很大，采集时可采集一部分或分段采集，以同株上幼小叶加上花果组成一份标本；或把叶、叶柄各自分段取其一部分，再配花果组成一份标本。花序较大时，可剪去其他小花序，留下一个，但要注意必须带上苞片和小苞片。

竹类植物：竹类植物通常为无性繁殖，需根据营养体的特征进行分类，采集时应把秆、竹箨、小枝及竹叶、地下茎等部分收集齐全。

2. 标本制作的前期准备

(1) 制作工具的准备

腊叶标本制作前要准备好标本夹、小枝剪、小剪刀、毛刷、种子袋、标签纸、小电炉、胶水等各类标本制作工具（见图 2-2），另外还需要准备好吸水纸，一般把 3～4 张草纸对折，用一层柔软的宣纸包裹，再用线缝好，这样制作的吸水纸可大大提高吸水效率。

图 2-2　标本制作工具

(2) 压制前整理

① 清除泥土

植物标本压制前需要清除泥土。像菝葜、天冬等植物的根部常带有污泥等杂物，由于叶、花等沾水后容易皱缩，不易整形，因此需用毛刷清除，切勿用水清洗；像滇黄精等植物的根较大，泥土较多，不能一次性清除，可待泥土干燥后再清除。

② 清除虫卵及腐烂发霉部位

压制前要清除采集植物上的虫卵及腐烂发霉部位，如贯叶金丝桃、天名精、金樱子等植物常有虫卵及发霉现象，特别是茎、花、果实、种子等部位，如有发生应及时清除。

③ 修剪标本

制作植物腊叶标本时，草本植物一般使用全株进行制作，但像木本、蕨类植物的植株较大，选取具有代表性特征的植物体部分即可，因此需对一些不必要部位进行修剪（见图 2 - 3）。

图 2 - 3　修剪后的标本

紫萁等蕨类植物须根较多、较长，应剪去一部分，突出主根特征即可；瓜子金、忍冬等枝叶较多，应剪去枯叶、黄叶，避免重叠；头花蓼等叶片过多，应剪去少许，使花、果实等完全显示；露珠杜鹃等植物的花、果实较多，应剪去部分，花保留 8～10 朵，果实保留 6～8 个，体现花、果的特征即可；白薇、川牛膝、山鸡椒等花和果实较小，不易整形，易脱落，应适当摘除一些；杜仲、漆树等种子较多，可适量摘除。摘下的花、果实、种子用袋装好，供显微鉴定使用。

3. 植物腊叶标本的压制和干燥

植物标本在采集和记录后要尽快压制和干燥，目的是使标本迅速干燥并且突出展示其特征。压制和干燥是保证标本质量的关键步骤，不可忽视，否则可能会前功尽弃。

（1）标本整理

① 将标本置于标本纸中，最好在标本夹里压一天，第二天换纸时再进行标本排列、展平整理。

② 将标本折叠或修剪成与台纸尺寸相应的大小。

③ 将枝叶展开，反折平铺其中的小枝或部分叶片，以便在同一平面上能见到植物体两面的构造，易于进行观察鉴定。

④ 去掉植物体上过于密集的枝叶，保证压制后在同一平面上枝叶不至于重叠太多，应特别注意花果部分不要重叠。

⑤ 草本植物可折成“V”形、“N”形或“W”形。如果根部泥土过多，则应清除干净后再压制。

⑥ 采集的花均可散放在纸巾中干燥，若为筒状花，花冠应纵向剖开。

⑦ 若有额外采集的果实，若果实过大，可切成片状后干燥。

（2）标本压制

把整理后的标本置于放有吸水纸的一扇标本夹板（见图 2－4）上，标本上放置 2～3 张干燥的吸水纸。随着标本的叠高，受植物体有较粗大的根、茎、花、果等影响，往往会出现凹凸不平的现象，避免的方法是把不同标本的粗细端相互交错地放置，即下方标本的粗端与上方标本的细端排在一边，或者多加几张吸水纸，这样可以减少这种不平现象。如果有些植物的花、果实或根茎过大，按上述方法后还留下较大空隙，可以用吸水纸叠起，将空隙填平，这样可以使木夹内的全部枝、叶、花、果受到同等的压力。

图 2－4　标本夹板

当将标本用标本纸夹完或将标本重叠到一定高度时，在上面放几张标本纸，把另一扇标本夹板放在上面，然后将麻绳扣在底部夹板的横梁上，用膝盖压在夹板上，用底部的麻绳先绑住对角横梁的末端，再把绳子拉到夹板的斜对角，按照上述方法捆住。然后绑扎另一斜对角，为防止麻绳脱落，可以在横梁的凹槽处多缠一圈，捆扎后应使绳子在夹板正面呈“×”形。这一步骤的要求是绳子要绑紧，这样标本才会压平，标本夹四角要大致整平，防止高低不平。压制时应注意植物体的任何部分都不要露出吸水纸，否则标本干燥时伸出部分会缩皱，枝也易折断。

（3）标本干燥

标本压制的过程也是干燥的过程，标本干燥得越快，叶片、花瓣的颜色越鲜艳，果实的形态、颜色也越好，因此必须勤换吸水纸，以达到较好的保存效果。

标本的干燥主要是选用较细腻的吸水纸把标本压平、压紧，吸取标本水分，这种自然干燥法是最普通、最常用和最简易的标本干燥方法。在压制标本的早期，要特别注意勤换纸，每天应换干燥的吸水纸至少 1 次，直到标本完全干燥。标本干燥如图 2－5 所示。

图 2－5　标本干燥

换纸时，用干燥的标本纸垫在下面，把标本从湿纸上拿下来，轻轻地置于干燥的标本纸上，换完纸后仍按前面捆扎方法将标本捆扎好，换下来的湿纸要及时晒干或烘干，以备后用。夏季高温干燥，一般 5～6 天即可干燥；冬季气候潮湿，温度低，标本不易干燥，一般需要 7～10 天才能干燥。对于含水量高或者过于肥厚的标本，更需要勤换纸，直至标本全部干燥。

（4）注意事项

① 标本修整：标本经过压制后，大体上已处于一个平面。在初次换纸时，

如发现有重叠、过于密集的情况，要及时移开或去掉遮盖部分。

② 铺展枝叶：初次压制的标本，常常会有叶片卷曲、折叠、重叠等现象。在经过初步干燥后，标本变软，容易铺展，换纸时要仔细地将叶片逐个铺平，这是决定标本质量好坏的关键。

③ 收藏脱落的花果：在换纸的过程中，若花、果即将脱落或已经脱落，应将它们收入纸袋、信封或折好的标本纸内，并写上标本号，与标本放在一起。

④ 清除霉烂：通常情况下，坚持按要求换纸，标本是不会发生霉烂的，但是，如果遇到连续阴雨天气或特殊情况，标本也会发生霉烂，因此应及时除去霉烂部分。

⑤ 防止变色：有些植物标本，由于水分过高或者酶的活动，在压制过程中很容易变色，如杨树、柳树、烟草等，在压制时应特别注意，必须采取快速干燥的办法（如人工热源干燥），以保持原来的色泽。

4. 植物腊叶标本的装订

植物腊叶标本的装订是一项要求高，兼有技术性和艺术性的工作。标本装订主要是为了固定标本，通过胶黏或线缝等方法牢固地将标本固定在台纸或卡片上，以更好地展示标本，让参观者最大限度地观察到标本的各个部分。

（1）装订前材料准备

① 装订台纸：用于装订和承托标本及附着的各种标签。

② 标本胶黏剂：用于装订标本，粘贴标签、照片等。胶黏剂必须呈中性或弱碱性，能够长久不脱胶，并且是水溶性的，以便必要时可溶开取出标本以用于研究。

③ 纸带：用于将标本绑扎在台纸上，或在装订的台纸背面贴盖缝扎标本的针脚，或装订花的解剖标本。

④ 细线：用于把整个或部分标本绑扎在台纸上，最好使用光亮结实、未经漂白的亚麻线。

⑤ 标签：包括主标签（如标注标题、学名、采集地点、生态环境、采集日期、采集人等信息）和附加标签（如定名签、取材标签等）。

（2）标本的装订方法

① 纸条固定法

纸条固定法是指将韧性较强的纸条横跨在植物标本需固定的部位，然后再将纸条固定在台纸上，以达到固定标本的目的。操作时将台纸置于软木板上，取标本放于台纸中央的合适位置，然后在标本的中部沿主枝的两侧，分别用刀划透台纸成为宽 3～4 mm 的小口，再用小尖头镊子分别夹住纸条的两端，让其穿过小口。再用右手压住标本穿纸的位置，左手将标本连同台纸一起反转使其背面朝上，轻轻地拉紧纸条的两端，这时纸条就把标本紧捆在台纸上了。然后分别把各端纸条向相对的方向用胶液牢牢横黏在台纸的背面。这种方法对固定草本植物和木本植物的小枝尤为适用。

② 线订法

线订法是用线代替纸条而将标本缚在台纸上的一种装订方式。其操作方法是用线将标本各主枝、小枝处分别缚在台纸上，每针打结（见图 2-6）。对于有些较大的叶片，如芭蕉叶、棕榈叶等，可以在中脉两侧用小刀切口后，用纸条将其固定在台纸上。这种装订方式较方便，装订的标本也很牢固，特别适用于装订具有粗壮枝条的木本植物和比较粗壮、高大的草本植物。

图 2-6　线订法装订标本

③ 胶黏法

胶黏法的一种操作是将标本以背面放于涂有胶液的板上，轻轻压各部，使其着胶，接着拿下标本，平铺于台纸合适的地方并轻轻加压，使标本牢固地黏在台纸上；另外一种操作是把胶管中的胶液间断地涂抹在叶片及枝条的表面，再把标本黏在台纸上（见图 2-7）。在操作过程中，要掌握好涂胶量，胶液过多标本不美观，若胶液太少又会使标本粘贴不牢。

④ 混合装订法

现在的做法常常是将上述几种方法配合起来使用，以满足不同对象的装订需求，达到更好的装订效果。例如，对枝条用胶黏法，对叶用纸条固定法，对果实和根茎用线订法。

图 2-7　胶黏法装订标本

5. 装订标本的排列

（1）标签的排列

野外记录标签一般贴在台纸的左上角或右下角；鉴定标签一般贴在台纸的右下角或下方其他空白地方；取材标签可贴在任何空白地方；模式标签一般贴在台纸的下方，靠近鉴定标签（见图 2-8）。

图 2-8　植物腊叶标本标签

（2）碎片纸袋的排列

在标本制作中会选择大小合适的纸袋来存放标本的松散部分。一般将纸袋放在台纸的右边，上部或下部均可，应与属夹的开口侧保持一致。

（3）小号牌的排列

小号牌是指带有采集号的标签。通常用线拴在标本上，小号牌必须与标本一起保存，可以贴在台纸的主标签旁边，也可以挂在标本上。

6. 植物腊叶标本的保存

制作标本的植株大多由野外采集而来，植物腊叶标本制作完成后，若不经处理，在标本的长期保存过程中会出现虫蛀及霉变情况，使标本失去应用价值。因此，需要对标本采取烘烤法、微波灭虫法、熏蒸法、药剂喷洒法等进行消毒。消毒后的标本应按种属分类保存在专用标本盒或标本柜内，放置干燥剂和驱虫药，以防霉防虫。存放标本的房间还要定期进行熏蒸消毒，以保证标本的长期保存。用标本盒储存植物腊叶标本如图 2-9 所示。

图 2-9　用标本盒储存植物腊叶标本

7. 合格教学标本的基本要素

（1）适当的大小

植株要充分展现目标品种的自然状态与生理特征，体积不宜过大或过小，以保证合适的大小进行教学展示。

（2）完整的植物个体

标本应尽可能包括植株个体的所有部分，包括根、枝、叶、花、果等，便于人们更加全面地了解植物的特性。

（3）标本压制及保存良好

标本的压制过程是将植物原有生态特性和艺术美感相结合的关键，标本在压制及保存的过程中应保证维护植株原有的形态与色泽。

（4）详细的记录

标本应准确注明采集人、采集地点、日期、生态环境、编号及植物学基本特征等内容。

思 考 题

（1）简述植物腊叶标本制作的基本步骤。

（2）在植物腊叶标本压制和干燥的过程中，应该注意哪些问题？

（3）植物腊叶标本的装订有哪几种方法？

第3章　植物浸制标本的制作

第1节　概　　述

1. 植物浸制标本的定义

植物浸制标本是将新鲜的植物材料，浸制保存在用化学药品配置的溶液里，使其保持原有的形态结构及固有颜色的一种植物形态保存方法（见图3-1）。植物浸制标本具有色泽鲜艳、立体感强、形态逼真等特点，是进行植物分类和植物区系研究必不可少的科学依据，也是进行植物资源调查、开发利用和保护的重要资料，在课堂教学和陈列展示等方面均优于其他标本。

图3-1　整株植物浸制标本

2. 植物浸制标本的特点

植物浸制标本和上一章节介绍过的植物腊叶标本都是植物标本，但二者优势各有千秋。腊叶标本的优势在于制作工具较为简单，制作工序不烦琐，但腊叶标本是干制标本，因此一定要防湿、保持干燥，如需要放置干燥剂和樟脑丸以防潮防蛀，而在一些春夏多雨、气温偏高且潮湿的地区，为了防止标本虫蛀霉烂，需要将福尔马林溶液放在酒精灯上加热进行熏蒸防蛀。

浸制标本则不同，一方面，其可以维持植物体原本的形体；另一方面，其与腊叶植物标本相比，具有不腐烂、不虫蛀、存放期长、形态逼真等优点。但植物浸制标本需要装在容器中，因此更占空间，且需不定时更换、添加药剂。与腊叶标本相比，浸制标本更能保持原植物的形态、色泽，且能完好地展示植物的花、果、叶等细微的形态差异，因此被较多地应用于教学、科研、科普等领域。适于制作浸制标本的植物材料有大多数的藻类，较大型的菌类，少数的苔藓植物，小型蕨类，小型种子植物以及种子植物的花、果实等。

3. 浸制标本的应用及意义

植物的种类繁多，它们与人类关系非常密切，人类的衣食住行都离不开植物，工业农业生产、国防、教学研究也离不开植物。当代人类重大的社会问题，包括粮食、能源、人口和环境问题都和植物息息相关。要想研究植物，必须学习植物学，了解植物的种类、形态结构及亲缘关系，并了解它们的生活习性、经济价值、地理分布以及植物群落，而植物标本为研究植物提供了科学依据。

一个植物标本包含着一个物种的大量信息，是进行植物分类和植物区系研究必不可少的科学依据，也是开展植物资源调查、开发利用和保护工作的重要资料，植物浸制标本能较好地保持原植物的形态，展示植物的细微形态差异，不仅可为植物资源调查研究提供科学的资料，也可为植物资源的利用和保护措施的制定提供科学依据，为濒危植物资源的保护及拯救提供科学保障。

4. 植物标本在教学中的应用及其作用

植物标本是生物学教学内容的重要组成部分，它不仅是增强生物学教学效果、提高生物学教学效率的重要方法和手段，也是变应试教育为素质教育，改革生物学教学的重要途径之一。在植物学教学中应将理论联系实际。但因为实际情况的限制，一些植物材料无法采集到，植物标本则可保证材料的落实和教学的进行。植物标本制作展示如图 3-2 所示。

理论课常常会让学生感到枯燥乏味，难以让学生产生兴趣，结合植物标本的教学，会大大提高学生学习的兴趣和积极性。特别是浸制标本，保持了植物的原

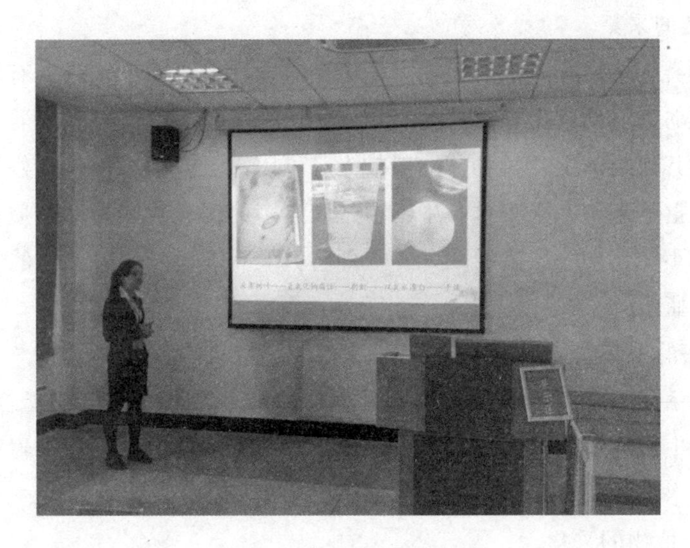

图 3 - 2　植物标本制作展示

有状态和色泽，学生看到实物标本后，不但增加了学习的积极性，动手实践的兴趣也越来越浓厚。

在实际制作标本的过程中，学生可以结合课堂学习到的理论知识，更善于发现问题和解决问题，积极培养严谨、认真的科学态度，增强保护自然的意识，并学会爱护生态环境。

第 2 节　植物浸制标本的制作方法

1. 植物的采集

（1）采集前准备

植物采集前应准备好海拔仪、皮尺、树围尺、照相机、剪枝剪、挖根铲、放大镜、标本夹、绳子、吸水纸、标签、采集袋、遮光袋、镊子、铅笔、转笔刀、防护手套、止血贴等工具。另外，根据采集植物标本的用途，需制作野外植物调查记录表等资料。

（2）采集方法

要制作一个完整的标本，除了要采集根、茎、叶，还要采集花、果实等部分，采集方法也随着植物种类的不同而不同。

① 藻类的采集

蜉蝣藻类个体微小，没有鞭毛，完全借水力浮在水面上，或具有鞭毛但在水体中只有微弱的运动能力，因此可以用生物网采集；着生藻类有固着器或假根着生在石头等其他物体上，植物体一般较大，可用镊子或手采摘，最好用采集刀将其从物体上抠下来，在采集过程中不要带入过多的泥土或者其他杂质；冰雪中的藻类可以用小铲连同一层雪铲取，并立即将其装入盛有 1/3 瓶 8%的福尔马林固定液的标本瓶中。

② 真菌的采集

大型真菌以温暖潮湿的夏秋季节时生长量最多，采集地可选择森林、草原、庭院等各种生长环境。对于地上生长的伞菌类和盘菌类，可用掘根器采集；对于树干上和朽木上的菌类，可用刀将一部分树皮刮下。

③ 地衣植物的采集

地衣是真菌和光合生物（绿藻或蓝细菌）之间稳定而又互利的共生联合体。在采集时，对于石生壳状地衣，需用锤子和钻子敲下石块，注意要沿岩石的纹理选择适当角度，应尽量敲下带有较完整地衣形态的石片；对于土生壳状，应用刀连同一部分土壤铲起，并放入纸盒中以免散碎；对于树皮上的壳状地衣，可用刀或枝剪连同树皮一起割下，有些可以剪取一段树枝，以保证标本的完整性；对于在藓类或草丛中生长的叶状地衣，可用手或刀连同苔藓或者杂草一起割下；对于枝状地衣，可用刀或枝剪连同一部分基物（如树皮、树枝等）一起采下来。

④ 苔藓植物的采集

对于生在水中、石面或沼泽中的苔藓植物，可用镊子或者夹子采取，也可用手直接采取，采集后可将标本装入瓶中，也可将水甩去，装入采集袋中；对于石生和树生的苔藓植物，采集方式跟之前的石生与树生的地衣相似。

⑤ 蕨类植物的采集

蕨类植物主要生活在阴暗潮湿处，应注意多去阴坡、山沟及溪旁采集，但也要注意少数旱生型。采集过程中，因为地下根状茎是蕨类植物分类的重要依据，所以应挖出全株，保证标本的完整采集性。对于根茎长而大的蕨类植物，可挖出一段，尽量保证其结构完整。

(3) 采集注意事项

对于寄生植物，采集时应注意连同寄主一同采下，如菟丝子寄生在大豆上，采菟丝子时，应连同大豆一同采下；对于雌雄异株植物，采集时应将雌雄株一同采下；对于乔木、灌木等高大植物，虽然只能采集植物的一部分，但采集的植物部分应尽量能代表该植物的一般特征；对于有经济价值的植物，采集时要采集它的应用部分，如树皮、果实、根茎等。采集标本的同时应做好野外记录，如植物产地、生长环境、形状、花的颜色和采集日期等。

2. 制作植物浸制标本前准备

（1）制作工具

枝剪、解剖刀、镊子、注射器、解剖盘、量筒、量杯、天平、标本瓶（见图 3-3）或标本缸、标签、铅笔、胶皮手套、护目镜、口罩、玻璃片、玻璃棒等。

（2）药剂

福尔马林、酒精、苯酚、甘油、冰醋酸、硫酸铜、氯化锌、硼酸、食盐、氯化汞、硫酸锌、醋酸锌、70%～75%酒精、石蜡和蜂蜡等。

图 3-3　标本瓶

3. 植物的固色

（1）植物固色的原理

高等植物（被子植物、裸子植物、蕨类植物、苔藓植物）呈现绿色的主要是体内有叶绿素，而叶绿素中的主要成分是叶绿素 a 和叶绿素 b，叶绿素 a 呈蓝绿色，叶绿素 b 呈黄绿色，这两种色素在绿色高等植物中的比通常为 3∶1。二者的基本结构相似，都是卟啉化合物，即都含有由 4 个吡咯环以甲烯基相连接而成的 1 个大卟啉环。在这个大环中有一整套共轭双键，即 1 个大 π 键，镁原子在卟啉环中央。叶绿素之所以呈绿色，主要是由这个卟啉环中的 π 电子和镁原子所决定的。

当叶绿素中的镁被稀酸中的 H^+ 置换时，其绿色便消失而呈黄褐色，即为去镁叶绿素。它又能很快地与其他金属盐如铜盐作用，这时 Cu^{2+} 便进入叶绿素的分子中填补了原来镁原子的位置而再次呈绿色。此种绿色更为稳定，不被光所氧化，也不溶于福尔马林。因此，用醋酸铜溶液处理新鲜的植物标本，便可使植物标本在保存液中永久保持绿色。

（2）植物的固色

将醋酸铜粉末加入30%醋酸溶液中，用玻璃棒搅动，直至饱和状态，然后用蒸馏水稀释4倍。将稀释后的溶液加热至80 ℃左右，将洗净的新鲜植物标本放进其中，继续加热，小心翻转，观察植物的叶和茎由绿色变成黄绿色，再由黄绿色转为褐绿色，最终变回绿色时立即停止加热，将植物标本取出，用蒸馏水洗净备用。此过程时间为10～30分钟，加热过程中温度不要超过85 ℃，否则会将植物煮烂。植物固色如图3-4所示。

图3-4　植物固色

在标本固色过程中，花尽量全部浸入处理液中，不要与空气接触，否则花中的花青素可能在加热过程中与空气接触发生某种化学反应，从而使花的颜色变暗。本方法虽然过程烦琐，但所制出的标本色泽新鲜良好，并可长期保存，所以一般制作绿色果实、叶子及幼苗等时采用此法。

4. 植物的浸制

（1）标本浸泡液

① 福尔马林溶液：一般使用浓度为5%～10%的福尔马林溶液进行植物的浸泡，具体浓度依植物材料的不同而定。蜉蝣藻类一般可用2%～4%的福尔马林溶液进行浸泡，对于较大一些的丝状或枝状体可用4%～6%的福尔马林溶液进

行浸泡。此溶液既是固定液也是保存液，若往其中加入几毫升甘油则可延长保存时间，防止固定液蒸发而引起的组织破坏。需要注意的是，福尔马林溶液时间长了易氧化为甲酸，可适量加入吡啶、碳酸钙或碳酸镁中和酸性。

② 10%的海水溶液：可用来固定、保存海带、鹿角菜、水云等藻类植物，一般在其中加入几毫升甘油，以延长保存时间。

③ 70%的乙醇溶液：保存效果较差，但原料简单，无刺激性气味，配制方便，可以用来浸制植物的花、花序。

④ 鲁哥氏碘液：将 6 g 碘化钾溶于 20 mL 蒸馏水中，搅拌溶解后再加入 4 g 碘，搅拌溶解后加入 80 mL 蒸馏水即配置完成。此固定液最适合固定蜉蝣藻类，其浓度以 1.5%为宜。但此种固定液中的碘易挥发，因此标本不能长期保存，但在此液中加入福尔马林时，标本即可长期保存。

⑤ FAA 固定液：由福尔马林溶液、冰醋酸、70%的酒精、甘油配制而成。FAA 固定液又称为标准固定液、万能固定液，该溶液容易配制，应用极广，但标本保存效果并非最好。

（2）注意事项

标本浸泡液中含有许多对人体有害或有一定危险性的化学物质，如酒精、福尔马林等。因此，在配制溶液时，必须在通风橱或通风良好的地方操作，避免吸入挥发性气体，应穿戴护目镜和防护衣，佩戴手套。

（3）植物标本浸制

浸制前需将植物材料洗净，并对植物进行整形，适当剪掉一些分枝、叶子，并剪掉变色、变质部分。浸制时需选择合适的标本瓶，倒入标本浸泡液，投入植物材料，标本体积一般不超过浸泡液容量的三分之二。

对于较大的植物果实，除进行上述处理，我们需要在浸泡前用注射器吸取较高浓度的固定液或者保存液，在其内部注入一部分，这样可以更好地防止腐烂。但对于较小或不宜观察的植物材料来说，如真菌的子实体、某些高等植物的果实，它们在投入浸泡液后会漂浮起来，这时可将其拴在长玻璃条或玻璃棒上，使其被保存液完全浸没。

5. 浸制标本的保存

（1）标本瓶封口

① 石蜡封瓶法：先将瓶口和玻璃瓶塞擦干，然后把瓶塞浸没到热石蜡中，

瓶口也涂上热石蜡，将瓶塞塞紧。再将一块纱布浸没在热石蜡中充分浸透，然后用纱布紧紧包住瓶口，用细绳绑结实。石蜡凝固后，将瓶子倒放，浸入融化的石蜡中，等蜡稍凉，用手抹平即封口完毕。

② 赛璐珞封瓶法：将标本瓶瓶口先用蜡封好，用一张薄纸将瓶口包好，然后将瓶子倒置，浸入溶于丙酮或喷漆稀料的赛璐珞黏稠液中。

③ 透明胶带纸法：用透明胶带纸把玻璃板与瓶口间的缝隙封严，此方法多应用于方形标本瓶。

④ 乳胶法：用毛笔蘸取适当乳胶，涂在瓶口和瓶盖间的缝隙处即可。

（2）浸制标本的放置

浸制标本应该在通风干燥的标本室内贮藏和保管，不适合放在阳光直射的地方，以防石蜡融化，浸液挥发。也不宜放在 0 ℃以下的地方，以防浸泡液冰冻，玻璃破裂。标本瓶是玻璃材质，因此脆弱易碎，应水平放置，以免翻倒破碎。在搬动时要十分小心，不能剧烈震动。一段时间后，若发现浸泡液浑浊或发黄，应及时更换新的浸泡液，再将标本瓶封好口贮藏。

6. 合格教学标本的基本要素

（1）完整的植物个体

标本应尽可能包括植株个体的所有部分，包括根、枝、叶、花、果等，便于人们更加全面了解植物的特性。

（2）标本保存良好

标本瓶应密封良好，且标本浸泡液没有浑浊或发黄等现象。

（3）详细的记录

标本应准确注明采集人、采集地点、日期、生态环境、编号及植物学基本特征等内容。

思 考 题

（1）与腊叶标本相比，浸制标本有何优点与缺点？

（2）简述制作植物浸制标本的基本步骤。

（3）标本瓶封口有哪几种方法？

第 4 章　动物剥制标本的制作

第 1 节　概　　述

1. 动物剥制标本的定义

动物剥制标本是一种利用动物皮张制成的标本——将动物的真皮剥下，去掉脂肪和肌肉等软组织，内涂防腐药品并填以各种支撑物（天然或人造材料），然后安上义眼。此方法适用于大部分脊椎动物，在动物教学和科研中有着广泛的应用。斑马剥制标本如图 4－1 所示。

图 4－1　斑马剥制标本

2. 动物剥制标本的发展简史

动物标本的制作在国外已有很久的历史，它起源于英国。18 世纪初，人们为了不使狩猎获得的动物皮毛腐坏或虫蛀，便开始用药物给予其防护，用干草填充动物皮张后缝合，制成粗糙而无形态的标本。20 世纪早期，野生动物皮的剥制技术和制作技术有了发展，出现了动物解剖学上较精确的模型，动物标本制作开始集解剖学、形态学、行为学和动物美学等多学科的制作工艺和水准。

国内制作派别分为南唐、北刘。从欧洲传入中国的动物剥制标本制作技术，经过多年的完善，形成了在南方以“唐家”为代表，北方以“刘家”为代表的主流制作方法。

3. 动物剥制标本的分类

动物剥制标本按其性质和作用可分为真剥制标本和假剥制标本。真剥制标本就是将一只死去的脊椎动物在剥制过程中竭力地模仿其生活时的姿态，经过制作后，其从外表上来看像真的一样，这样的标本就是真剥制标本。

我们在野外工作中，为了在较短的时间内尽量多且有效地把所采集到的标本全都保存下来，就要用比较简单的方法把动物皮剥下来，然后把它们做成动物死亡时的样子，这样的标本称为假剥制标本。

动物剥制标本按其使用目的不同还可分为整体标本和局部标本。

第 2 节　动物剥制标本的制作方法

1. 标本材料的选择和处理

不论动物状态如何，主要选择身体新鲜、被毛完整、四肢齐全、皮肤无损或仅轻度损伤的作为标本制作的材料。首先毛发应完整、结实，皮毛没有发生腐烂，最好选用较成熟的动物。获得的动物如果已死亡，体表经常有寄生虫和病菌存在，为保证标本质量和制作安全，对死亡动物的消毒程序是必不可少的。

2. 标本制作的前期准备

器械：解剖刀、解剖剪、镊子、尖嘴钳、骨剪、铁丝、棉花（常用脱脂棉和膨胀棉）、泥、义眼、木板、胶水。

药品：主要是自制防腐剂和洗涤剂，也可直接用硼酸简易防腐。

3. 动物标本的剥制

剥皮是剥制标本制作过程中最关键的一步，因为皮毛的完整性直接影响到标本的外观和保存价值。

（1）剥制

几种常见剥制方法如下：

① 胸剥法；

② 腹剥法；

③ 背剥法；

④ 唇部剖剥法；

⑤ 横向（腿部）剖剥法；

⑥ 侧面剖剥法。

不同体型的动物有不同的剥制方法，家兔属于小型哺乳类动物，适合腹部剖剥法（见图4-2）。

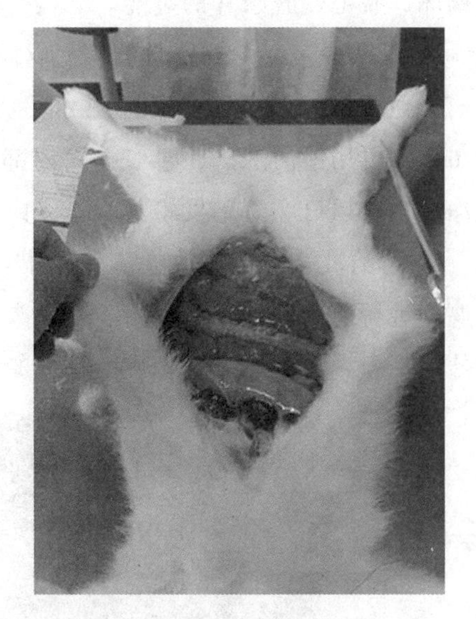

图4-2　家兔腹部剖剥法

动物的剥制有一定顺序，按正确的顺序可以起到事半功倍的效果。

剥制注意事项：

① 在剥取动物皮毛前，应先了解被剥制动物的体形、皮肤、骨骼结构以及表皮衍生物着生的特点，对这些信息做到心中有数，剥制时才能得心应手。

② 根据动物形态的特点以及标本造型的需要，采用不同的剖口线，其中以胸部剖口的“胸剥法”最常用。剖口时，入刀要浅，在不影响皮肤剥离的情况下，力求减少和缩小剖口数量和大小。

③ 在剥制鸟类和哺乳类动物时应避免动物体的排泄（遗）物、血液等污染皮毛。剥制前可通过轻轻挤压动物的腹部，使尿液、粪便排出，同时在口腔及肛

门（或泄殖腔孔）内塞入棉球。剥皮中遇出血，可用棉花或纱布止住，并在皮肤内侧与肌肉间撒上具吸湿作用的石膏粉，以尽量减少血液和脂肪等污染皮毛表面现象发生。

④ 为使制成的标本达到长期保存的目的，需对剥取下来的动物皮毛做进一步处理。处理方法如下：清理皮肤内表面残留的肌肉、脂肪；清理骨表面残留的肌肉；清理脑髓。

（2）去脂清洗及防腐处理

动物皮毛之所以能够长期保存，主要是防腐剂起作用。要使标本达到长期防腐保存的目的，一是要选择防腐剂，二是在皮肤内表面涂好防腐剂。

涂防腐剂时要求做到：

① 对剥取下来的皮毛应及时涂上防腐剂，尤其是夏季，耽搁时间一久，就有腐坏、脱毛、脱鳞片的可能。

② 皮肤内表面、保留骨的表面以及脑颅腔内均应涂上防腐剂。

③ 将剥制好的生皮放进热水，将内部的皮全部翻出涂上洗涤剂，泡约 10 min，再用手清洗。此时应去除内部未去除的肌肉，也要洗净外部皮毛污渍。洗净后用吹风机顺着毛发将其吹干（内部不必吹干）（见图 4-3）。

④ 将清洗好的标本放在实验台上，翻开内部的皮，直接在皮内面各部涂上防腐剂进行防腐处理。注意足、耳、头、尾等处不能遗漏。涂明矾可保持皮不发生掉毛现象，涂砒霜有毒死皮上蛀虫的作用，涂抹时要小心。

图 4-3　吹干家兔皮毛

4. 动物剥制标本的制作与整形

（1）制作支架

制作支架的目的是支撑动物的皮肤，其作用类似于体内的骨骼。支架材料通常选用铁丝，不同动物由于体形不同，支撑的质量不同，所用的规格也不同，应以剥制前动物实体测量的结果为参考标准。

（2）充填

制作者可根据制作对象以及自身的制作技能水准来选择充填方法。不管是采用何种充填方法，充填的程度均应以接近动物实体为度，要求制成的标本饱满而不失真。充填家兔标本如图 4-4 所示。

图 4-4　充填家兔标本

充填的方法通常有假体法和充填法两种。

① 假体法：根据动物实体测量的大小，先在铁丝支架上用填充物扎成形似动物实体的假体，然后再将此假体安装到动物皮张内，最后根据需要适当补充填充物。此法的优点是充填基本上能做到一步到位，但对初学者来讲难度较大。

② 充填法：先将铁丝支架安装于皮张内，然后根据动物实体的大小，按部位逐步将填充物填塞到皮张内，直到形似实体。此法的优点是填充物逐步到位，故可以随时调整充填程度，便于整形。

在充填过程中要经常对照剥制前所测数据，尽量还原材料的原始自然形态。先在标本的背部填上一层薄而均匀的棉花，再向头颈、胸等部位周围装填。用脱脂棉填满四肢和头部，用膨胀棉填好整个躯干部分，注意两颊、颈部、四肢的充填，颈部要比原来颈项稍粗，以使待干燥收缩后与原来粗细相当，腿部注意大小和对称，胫跗关节需填充均匀、适度，并需突出关节度。

充填好后，进行缝合，缝合时，要边按、边填充、边缝合，直至全部缝合(见图4－5)。剖口缝合时，要尽量利用皮张体表衍生物来隐蔽缝线。例如，缝合鱼类剖口时，针口可由鳞片间穿入；缝合鸟类和哺乳类剖口时，则将剖口处的羽毛或毛发拨向两侧，缝合后使缝线隐蔽于羽毛或毛发中间使之不留痕迹。

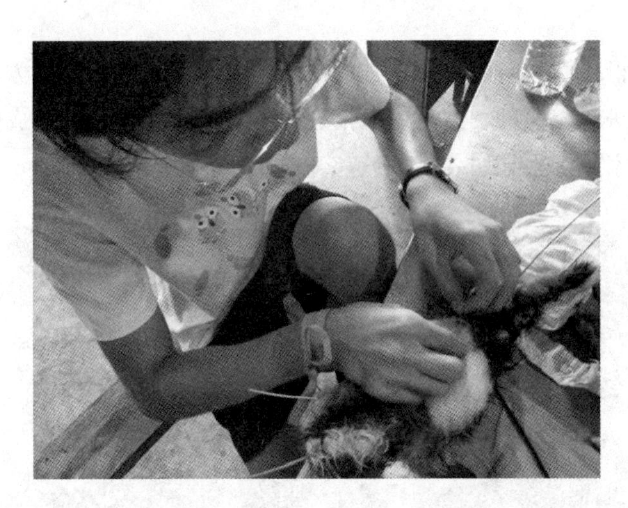

图4－5　缝合家兔标本

(3) 整形

所谓整形，就是把已经装填好的标本，整理成它在生活时的某种姿态，主要包括站立台板、摆设姿态、理毛和嵌装义眼等。在动物剥制标本制作过程中，整形工作是很重要的，制成的标本是否生动、逼真与整形有着密切的关系。整形工作包括以下几个方面：

① 清理：用毛刷刷去体表可能残留的填充物等。若沾有血迹，可用纱布蘸水去血渍，再用滑石粉吸去表面水分。

② 整姿：先检查标本整体充填得是否均匀、对称，若有凸起、凹陷或不合适之处，可用手指略微撳、捏加以矫正，然后依据动物活着时的姿态，按照制作者的需要整姿造型。

③ 嵌装义眼：义眼通常用黑色玻璃和无色透明玻璃烧制而成。黑色部分为瞳孔，无色部分为虹膜，后者可根据标本动物虹膜本身的颜色用油漆着色，安装时将与义眼黑色部分相连的铁丝脚嵌入标本眼眶内即成。还有一种义眼为粒椒

（又称黑珠义眼），是一种小的圆形黑色玻璃，同样具有铁丝脚，不需上色，嵌入标本眼眶内即可代替眼球（见图 4-6 和图 4-7）。

图 4-6 义眼

④ 固定：制成的标本大多固定在木质板或树枝等物体上。

⑤ 上色：一些体表裸露的动物剥制标本以及鸟类和哺乳类的裸毛区域，根据需要可上色。上色应依据剥制前对动物体体色的记录或参照有关的彩色图谱。上色后的标本一般要阴干 1～2 天，最后用毛笔在体表上色部位涂上薄薄一层清漆。

（a）义眼安装前

（b）义眼安装后

图 4-7 义眼安装前后对比

5. 成品标本的保存及注意事项

制作标本难，长时间地保存好标本更难。由于各类标本制作工艺的不同，保存的方法也各有差异，下面简单介绍一下成品标本的保存及注意事项。

（1）选择合理的标本室、标本柜（橱）

动物剥制标本室要选在干燥、通风、整洁的环境，室内要安装换气扇以便随时通风换气；窗户要安双层玻璃，挂双层窗帘，防止太阳直射引起标本变形褪色。

(2) 勤通风换气，防霉烂

霉烂是剥制标本极易发生的现象。保持标本干燥是防止霉烂的关键。发现标本有霉烂现象时，不要急于从柜（橱）内取出标本。先加强标本室内通风或给标本室内供暖使标本室内保持干燥；然后再取出标本放在阴凉通风处使标本重新风干，同时要换柜（橱）内的干燥剂使标本柜（橱）内也保持干燥；待标本彻底干燥后对其进行消毒等处理后，再将标本入柜（橱）保存。

(3) 严格消毒，防虫蛀

消毒、防虫是剥制标本管理最重要的环节，消毒是防虫的基础。消毒的方法：将标本放入一个密闭的容器内反复用灭害灵喷雾灭虫；或用敌敌畏熏蒸 1 小时以上即可。新制作的标本往往有羽虱或其他害虫，若未经清毒防虫处理就和其他标本一起保存，不仅会使本件标本受虫蚀，还会影响其他标本。

(4) 勤整理，保色、防尘、防污染

标本室标本柜（橱）要保持整洁，每次标本消毒都要刷除标本上的尘土、理顺羽毛，使标本保持整洁，防止灰尘等污染毛发或羽毛，影响美观。对于一些珍贵标本，整理后还可在羽毛上蒙一层薄棉花或纱布，用以遮光、防尘、保护色泽。标本不宜久放于阳光直射的地方，室内应采用遮光窗帘，这样可以避免标本过早蜕变，从而保持本色。为方便学生参观学习，可在橱内安装荧光灯照射。

6. 兽类剥制标本的赏析

艺术是人类社会一种特殊的社会意识形态。有我们熟悉的绘画艺术、音乐艺术等，只要人类行为具有了形象性、主体性、审美性这三大特征，都可以称为艺术行为。动物剥制标本的艺术性也不例外。下面，我们从三个方面来简单地进行赏析。

(1) 形象性

一件具体的、感性的动物标本形象的好坏能直接体现出制作者的技术程度与艺术素质的高低。一件形象逼真的动物标本必定凝聚着制作者的高超技巧。然而凝聚着高超技巧的标本却不一定具有艺术形象，因此技术与艺术在动物标本的制作过程中是相互结合、相互促进的。

(2) 主体性

主体性是指制作者的行为不是单纯地、机械地模仿或再现事物，要求标本不仅要具有理性意蕴的形象特点，还要融入创作主体乃至欣赏主体的意识与情感。

（3）审美性

我们运用动物剥制标本的艺术展现它们的美、点亮它们的“生命”，让它们的美与“生命”永恒与不朽，同时动物标本中所展现的美赋予了它们更高的生命价值与使命，制作者利用动物剥制标本的审美性唤起欣赏者对生命的渴望与珍惜以及与大自然和谐共处的美好憧憬。

思　考　题

（1）简述动物剥制标本的制作步骤。

（2）剥制标本的保存有哪些注意事项。

（3）请从形象性、主体性、审美性三个角度赏析一件标本作品。

第5章　动物骨骼标本的制作

第1节　概　　述

1. 普通动物骨骼标本

一般通过特殊处理之后得到的骨骼标本主要为中大型动物，具有很好的研究价值和观赏价值。动物骨骼标本如图5-1所示。

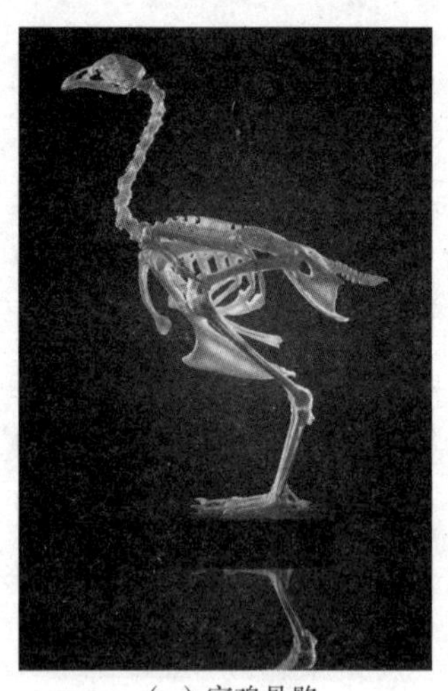

(a)家鸡骨骼

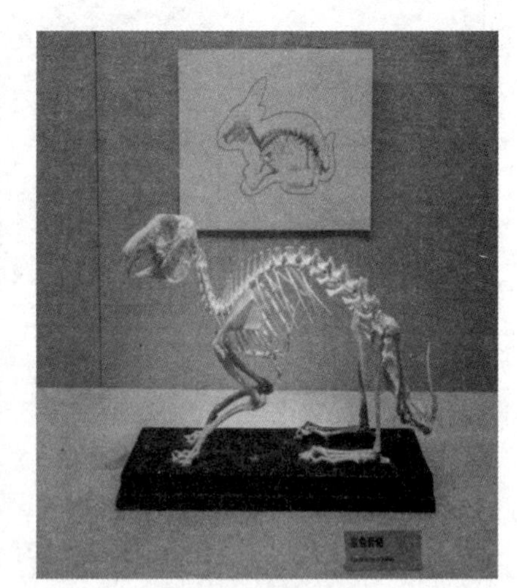

(b)家兔骨骼

图5-1　动物骨骼标本

2. 透明动物骨骼标本

用小型脊椎动物（如小鱼、小蛙、小蛇、小鼠、麻雀等）以及动物的胎儿的骨骼制成的标本多为透明动物骨骼标本。由于小动物和胎儿的身体小，骨头更小，骨与骨之间连接着比较多的软骨，如果用解剖法制成一般的骨骼标本则会十分困难。鱼类着色骨骼标本如图 5－2 所示。

图 5－2　鱼类着色骨骼标本

第 2 节　普通骨骼标本的制作方法

1. 脊椎动物干制骨骼标本的制作

干制骨骼标本是取脊椎动物的新鲜骨骼经过一系列处理，然后按其自然位置串联安装成整体的标本。这种技术适用于脊椎动物硬骨型种类。骨骼标本的制作方法一般有三种：

① 基本上是以韧带来联系骨与骨之间的关节，称为附韧带的骨骼标本。

② 骨骼之间的关节在制作过程中基本上是分离开的，同时，关节之间是用金属丝来串联的，称为关节分离的骨骼标本。

③ 利用化学药品进行处理，促使其肌肉透明、骨骼显示，这种标本称为透明的骨骼标本。

制作骨骼标本常用的药品基本上可以分为三大类：

① 腐蚀剂。某些药品可以腐蚀残留在动物骨骼上的肌肉，使骨骼构造清晰、

洁净，用这类药品配置成一定浓度的溶剂称为腐蚀剂。这类药品主要有氢氧化钠、氢氧化钾等。

② 脱脂剂。用于溶解、清除骨骼和骨髓中脂肪的有机溶剂称为脱脂剂。这类药品主要有汽油、二甲苯等。

③ 漂白剂。用于漂白骨骼的溶剂称为漂白剂。这类药品主要有过氧化钠、过氧化氢、漂白粉等。

骨骼标本制作中所使用的工具主要有解剖刀、解剖剪、镊子、钢丝钳、电钻、钻头、注射器、注射针、钢锯、天平、铜丝、玻璃水槽、搪瓷盘、量筒、烧杯、玻璃棒等。

2. 制作标本的基本步骤与要求

（1）剔除肌肉

① 自然分解。通过自然界中的微生物和腐生菌分解，这种方式适合制作大型动物的骨骼，但是制作时腐败的味道明显，需要有独立的制作或埋藏环境。

② 浅层埋藏。适合埋藏的土壤最好是腐殖土和细砂，埋藏深度一米以内，保持土壤湿度。适用于海岸漂浮的大型海洋哺乳动物或大型动物骨骼的制作，也可以处理一些野外发现的高度腐败尸体。

③ 虫蚀法。这个方式类似于野外自然分解，主要是通过招引蝇、皮蠹、黄粉虫等肉食昆虫来分解骨骼表面残留的软组织。皮蠹和黄粉虫是比较常见的食肉昆虫，适合室内操作。

④ 蒸煮法。适合室内制作，处理时间短，异味小，是制作小型标本的最简便方式。

（2）腐蚀

骨骼上残留的肌肉可通过腐蚀剂进一步除尽。常用的腐蚀剂为氢氧化钾。将需要再次清理的骨骼或虫蚀有残留的骨骼浸泡在氢氧化钠溶液中观察，直到残余组织开始透明化，用塑料刷和钢丝刷进行刷洗，注意需要戴橡胶手套操作，尽量不要溅到衣服和皮肤上。

（3）脱脂

脱脂是去除骨骼中的脂肪，以免日后标本变黑或变黄。材料在脱脂前用95％的乙醇溶液处理1～2天，对软骨及关节韧带有良好的固定作用，而对骨骼本身并无任何影响。牛蛙骨骼脱脂如图5－3所示。

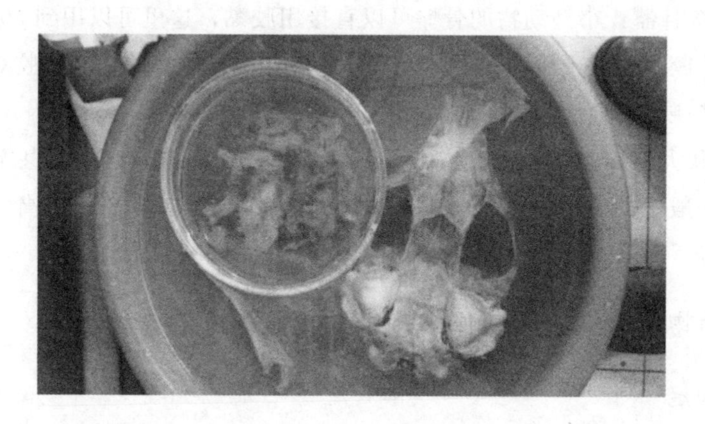

图 5-3　牛蛙骨骼脱脂

(4) 漂白

漂白剂对骨骼和关节韧带有一定的腐蚀作用，因此其使用浓度、处理时间要根据动物体的大小而定，处理时须定时检查标本漂白情况（见图 5-4）。

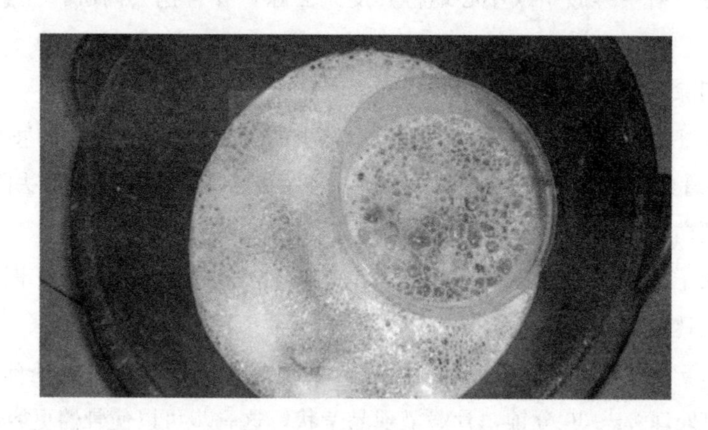

图 5-4　骨骼漂白

(5) 整形和装架

① 骨骼的预备：将动物骨骼先进行定位，将头骨、颈椎、胸椎、腰椎、尾椎依次排列；左右肋骨依次排列；左右肢骨肩胛骨盆分别摆放。

② 预装：选择好所做标本的造型，预先找好图片，根据图片预先画出骨骼的形态，这样有利于摆造型。对骨骼进行预装，将骨骼按照图片摆放、调整，对于大型骨骼，开始钻孔，用钓鱼线或铜/铁丝串联，折弯关节角度，但是不要黏死，可以拔插，等到确定造型后再做下一步黏接。

③ 黏接骨骼：小型动物的骨骼可以直接用胶黏，这里可以用到502胶或101胶，这两种胶属于速干胶，对小骨骼十分适用，需要注意的是502胶对湿气反应明显，皮肤碰到后会起白皮。

④ 串联大型骨骼：大型动物的骨骼需要钻孔后用铜丝、铁丝甚至是钢筋串联起来，一般步骤是事先测量好高度和长度，如全长、肩高、臀高、胸围、颈长、尾长等。

3. 常见动物骨骼标本的制作——牛蛙骨骼标本制作过程

（1）固定

选取成体的牛蛙（注意牛蛙的骨骼要完整），用乙醚麻醉处理后用95%的乙醇溶液固定1～2天（固定的好处之一是可以使牛蛙的肌肉更加紧实，便于后期的剥制）。

（2）去除皮肤、内脏

用小剪刀沿牛蛙腹中线小心地将其皮肤去除，并且挖去内脏，注意不要将骨骼损坏。

（3）剔除肌肉

用手术刀、剪刀、小镊子等工具剔除骨骼上的肌肉。小心地分离前肢与身体，注意保留肩胛骨处的软骨。在头骨肌肉剔完后，要用解剖针将牛蛙的脑浆去除干净。

（4）漂白

将剔除干净的骨骼放在30%的过氧化氢溶液中密封漂白3～4小时。

（5）预透明处理

配置0.5%的氢氧化钾溶液（易挥发，要现配现用，且要密封处理），并将骨骼放入其中处理20～30分钟，骨骼呈现晶莹状，这一步可以使骨骼更容易着色。

（6）染色

配置骨骼染液：

① 药品及用具：70%的乙醇溶液、冰醋酸、阿利辛蓝、茜素红、量筒、烧杯、容量瓶。

② 按照体积比0.3%的阿利新蓝乙醇溶液∶0.1%的茜素红乙醇溶液∶冰醋酸∶70%的乙醇溶液＝1∶1∶1∶17配置好染液。

③ 将骨骼放入染液中染色1～2天，骨骼染好后硬骨呈现玫瑰红色，软骨呈现蓝色。

（7）分色

将染色好的骨骼用蒸馏水冲洗干净后（以水中没有颜色为准）用1%的氢氧化钾溶液密封浸泡2～3小时，再将骨骼依次放入比例为1∶4、2∶3、3∶2、4∶1的纯甘油和0.5%的氢氧化钾混合溶液中进行分色处理。这一步可以使染色的效果更加明显。

（8）保存

将处理好的牛蛙骨骼（见图5-5）固定在玻璃缸内，加入甘油进行密封保存。

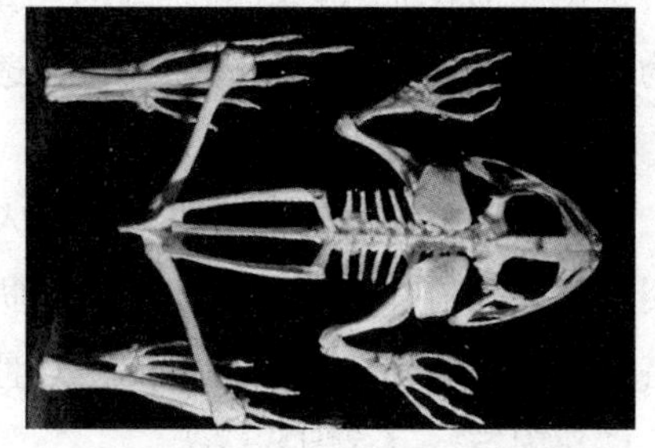

图5-5　牛蛙骨骼

第3节　透明骨骼标本的制作方法

1. 什么是透明骨骼标本？

由于小型动物的身体小，骨与骨之间连接着比较多的软骨，用解剖法制成一般的骨骼标本十分困难，而将它们制成骨骼透明的标本（见图5-6），可使骨与骨之间保持自然连接，标本更加完整、鲜艳美观。制作过程包括取材、剥皮、去肉、去内脏、固定、透明、染色、褪色、再度透明等。透明骨骼的制作分为单染和双染。

图5-6　鱼类透明骨骼标本

2. 脊椎动物透明骨骼标本制作（以单染为例）

（1）取材

选用体形较完整、材料新鲜的小型脊椎动物，如鱼类、两栖类、爬行类等。动物体小，其体壁相对较薄，染色、透明效果亦佳。

（2）剥皮，去内脏

剥皮是为了提高药剂对材料的透入效果，对于鱼类只要剥去鳞片，其他动物在用药剂处理前都需要剥去体表的皮肤。去除内脏时，一是要求去尽，二是要求保持体壁的完整性，尤其是不能伤及骨骼。内脏除去后，用水彻底洗净体腔。

（3）固定

常用固定液为乙醇，其具有使材料硬化和脱脂的双重作用。固定时先将动物体用线结扎在玻璃片上，整理姿势后浸于95%的乙醇溶液中。固定时间视材料的大小而不同，一般为3～7天，其间更换1～2次新液，固定后的材料用清水缓缓冲洗1天。

（4）透明

常用透明液为氢氧化钾溶液，它除能透明肌肉外，还兼具一定的脱脂作用。将材料浸制于1%的氢氧化钾溶液中2～4天，至肌肉呈半透明后，于体表就能够隐约见到埋藏在肌肉中的骨骼。

（5）染色

常用染色液为2%的茜素红乙醇溶液。将材料浸入2%的茜素红乙醇溶液中12～36小时。

（6）肌肉造明

无论是骨骼还是肌肉，经染色后均呈紫红色。为了显示体内的骨骼系统，须将已染色的肌肉褪掉颜色。从褪色液中取出材料，用水彻底冲洗后，浸于1%的氢氧化钾溶液中，处理12～24小时，至肌肉变为无色而骨骼恢复紫红色。

（7）脱水

常用脱水剂为甘油。为防止脱水时材料产生皱缩现象，可依次将材料浸于25%、50%、75%、100%的甘油中逐级脱水，每级处理时间为2～4天。

（8）保存

脱水后的标本装瓶保存于100%的甘油中，并加入少量麝香草酚，以防腐败和发霉。

3. 常见透明骨骼标本的制作——蛇骨骼标本制作过程

（1）选材料和解剖

选取体型完整的蛇，去皮、除去内脏。

（2）固定

把标本浸在90%的乙醇溶液中3周，每周换液2次。

（3）脱脂、脱水、透明

把标本浸在3%的重铬酸钾溶液中，1周后，再浸入75%的乙醇溶液中脱水，乙醇溶液浑浊时，应及时更换，然后转浸在95%的乙醇溶液里2天。取出后浸在1%的氢氧化钾溶液中透明2～4天，直到肌肉呈半透明状态，能够隐约看到里面的骨骼。

（4）染色、褪色、漂白

将1 g茜素红溶解在100 mL 95%的乙醇溶液中，得到黄褐色溶液，再与9000 mL 1%的氢氧化钾溶液混合，形成深紫色染色液。把标本浸在染色液中染色6～8小时，待全部骨骼染成深红色后取出，用一份1%的氢氧化钾溶液和一份5%的甘油配成溶液，将标本放在此溶液中浸泡2～4天，至肌肉褪成粉红色。取出标本放在强阳光下晒，使肌肉褪色。

（5）保存

先把标本浸在25%的甘油中1～2周，使标本骨骼更加透明。再浸入5%的甘油中3～4天，脱去水分，然后浸在100%的甘油中1周，继续脱去水分，直到标本完全透明，最后加入少量百里酚结晶，以防腐和防霉。

思　考　题

简述动物骨骼标本的制作步骤。

第 6 章　昆虫标本的制作

第 1 节　概　　述

昆虫，节肢动物门昆虫纲动物。其种类繁多、形态各异，属于无脊椎动物中的节肢动物，是地球上数量最多的动物群体，在所有生物种类中占比超过 50%。多数昆虫可以做标本，昆虫标本是确定昆虫种类的重要依据，也是我们认识昆虫的鲜活教材。

昆虫标本的作用：

（1）昆虫标本数据库为后续科学研究提供基础资料。例如，地理分布资料可以用于后续的生物地理学研究；物种信息和分布信息可以用于昆虫物种多样性的研究；采集信息（生物学信息）、特征等有助于物种的鉴定；寄主植物信息可用于研究昆虫和寄主植物多样性的关系。

（2）昆虫标本数据库有助于标本信息的管理和数字化建设。首先，数据库建设有助于标本信息的管理；其次，标本信息的数字化有助于将来标本数据的共享（如整合进网络平台）。这几年科技部就启动了标本数字化建设项目，就是为了充分利用标本信息资源。

第 2 节　昆虫标本的制作方法

在制作昆虫标本时，分别采用不同的制作方法制成标本。必须根据虫种、虫态、虫体结构、制作目的等采用不同的制作方法制成标本。制作昆虫标本的方法一般可分为液浸和干制两大类，无论采用何种方法，制出的标本都以保持虫体完整、姿态自然、特征暴露充分为首要原则。

绝大多数昆虫都可以用干制法制成标本长期保存，干制昆虫标本在教学、科研、科普展览等方面具有重要作用。干制标本的制作多用于体型较大、翅和外骨骼比较发达的成虫。蛹和幼虫经过人工干燥后，也能制成干制标本。

1. 成虫干制标本的制作

（1）软化

采回来的昆虫放入还软缸内，置放一定时间，待躯体、翅基、关节等软化灵活后再按新鲜标本的方法加工制作。

（2）针插

干制的成虫标本除垫棉装盒的生活史标本，一般都用插针保存。

① 昆虫针的型号

昆虫针主要是对虫体和标签起支持固定作用。目前市场上的昆虫针都用优质不锈钢丝制成，针的顶端镶以铜丝制成的小针帽，便于手捏移动标本。按针的长短、粗细来分，昆虫针有多种型号，可根据虫体大小分别选用。目前通用的昆虫针有 7 种，由细至粗分别为 00 号、0 号、1 号、2 号、3 号、4 号、5 号 7 个级别。从 0 号至 5 号，6 个级别的针都带有针帽，只有 00 号不带针帽，其长度仅为其他各号针长的 1/2。00 号针最细，00 号～5 号针的长度约为 39 mm。00 号针也叫“微针”“二重针”，是用来制作微小型昆虫标本时，插在小软木块或卡纸上的；0 号针自针尖向上 1/3 处剪下即可作为二重针使用。昆虫针如图 6 - 1 所示。

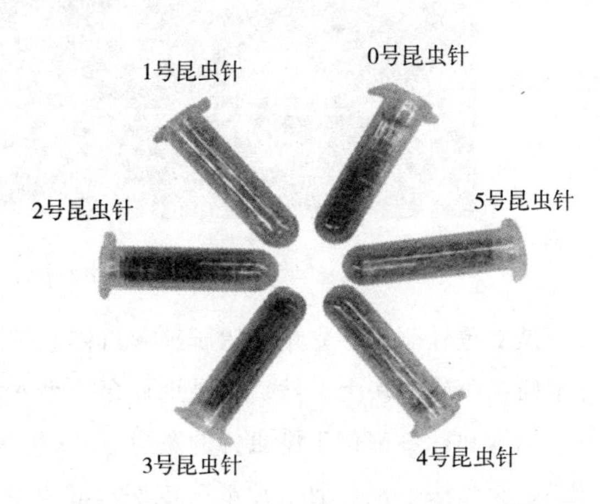

图 6 - 1　昆虫针

② 针插部位

身体状态还软的昆虫，要用昆虫针穿插起来。针插时，先要根据虫体的大小选择适宜型号的昆虫针，即虫体小使用小型号针，虫体大使用大型号针。0 号和 00 号昆虫针专供穿插微小昆虫使用。昆虫种类不一，插针的位置也有所不同，这是由各种昆虫身体的特殊结构所决定的。在国内外都有统一规定，绝不能随意更换，以免破坏被插昆虫的分类特征，使标本丧失完整性，甚至影响分类鉴定。蝶蛾类等鳞翅目昆虫的插针部位在中胸背板中央；蜜蜂、胡蜂等膜翅目昆虫的插针部位在中胸背板靠近中央线的右上方；椿象等半翅目昆虫的插针部位在小盾片略偏右方；蜻蜓、豆娘等蜻蜓目昆虫的插针部位在中胸背板的中部；金龟子、甲虫等鞘翅目昆虫的插针部位在右翅鞘的内前方；蝗虫、螽斯等直翅目的插针部位在前胸背板后方，背中线的偏右侧；蝇类等双翅目的插针部位在中胸靠右方。

③ 插针方法

用镊子或左手捏住昆虫的胸部，右手拿住昆虫针，从应插入部位插入（见图 6-2）。插针时，务必使昆虫针与虫体成 90°角，避免插斜而造成标本前后、左右倾斜。对于微小型昆虫如跳蝉、飞虱等不能直接插针，需用微虫针穿刺或用胶液黏在小三角纸卡上，然后用昆虫针固定，具体操作方法如下。

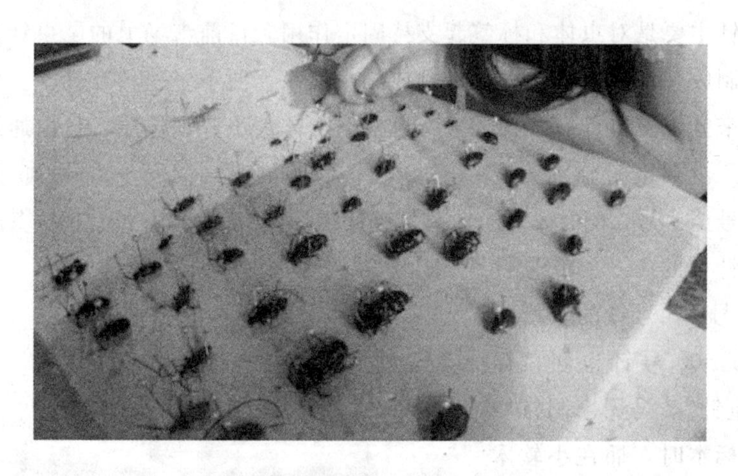

图 6-2 昆虫标本制作——插针

一是二重针刺法。先用小镊子夹起虫体，按规定针位用微虫针垂直刺穿，并把标本插在小软木块上。然后用昆虫针穿插小木块。再以三级台固定虫位，加插标签，标本和标签都位于昆虫针的左边。

二是胶黏法。把普通卡片纸剪成底边长 0.4 cm、高为 1 cm 的微型三角卡，用昆虫针针尖蘸一点乳胶，轻轻点在三角卡尖端上，然后用针尖把虫体黏起来，放在点有胶液的三角卡尖端，并迅速向后撤针，以免把昆虫带起。这一操作的关键是针尖上胶液不能过多和具有熟练的操作技术。黏好的标本如需调整，可用昆虫针针尖拨挑。

（4）虫在针上的位置

已插好针的标本要进一步调整虫体在针上的位置，并使附插标签各就其位，做到层次分明、规格一致，便于移动，利于观察。插针时如虫位过高，即针帽与虫体距离过短，手指移动标本时就容易触伤虫体；虫位过低又影响下面所附插的标签。为了使虫体和标签保持适当距离，一般都用三级台（又称平均台）来进行调整。三级台的使用方法：将已针刺的标本反过来，针帽朝下，插入下层针孔的底部，用镊子轻推虫体，使虫背紧贴本层台面，这样就算定好了虫背至针顶间的距离，所以此层又名“背距层”。然后将记录采集地点、日期的小标签放在最高层台面上，用针尖在标签的右端直穿本层孔底，如此又定下了采集地点、日期标签所在的位置。最后，定名的小标签是在中层针孔上插好的。于是，虫体标签就都用三级台定好位置了。二重针上的三角纸及软木条插在三级台的第二级高度，虫体背部至针帽的距离，相当于三级台的第一级高度。

（3）展翅

对于无翅昆虫和鞘翅目、半翅目等昆虫的标本，在针插后，只需把触角和足整理好，标本制作就完成了。但对大多数有翅昆虫来说，为了便于观察和研究，针插后还必须进行展翅。展翅的方法有展翅板展翅法、平板展翅法、微小型昆虫展翅法和蛾蝶类胶带贴用法。

2. 成虫剖腹干制标本的制作

（1）将虫体用小解剖剪从腹面中央第二节至第五（或七）节剪开一纵缝。

（2）用镊子把腹腔、胸腔中的内脏和脂肪等内含物全部清除，再用脱脂棉把胸腔、腹腔的内壁擦拭干净。

（3）把脱脂棉撕成若干小块，用小镊子夹起小块脱脂棉蘸上樟脑粉，一块一块地向胸腔、腹腔内填入，直到填满体腔，恢复为原来的虫态为止。

（4）把开缝处的棉纤维用镊子掖平掖好，再把开缝两侧的虫体表皮拉回原位展平。之后随着干燥，表皮逐渐回抱，无须线缝，开缝就自然吻合。

（5）把虫体用昆虫针按规定针位插针固定在整姿板上，整理虫姿。

（6）用大头针先固定三对足，摆出前足冲、中足撑、后足蹬的姿势，显示出跃跃欲跳的神气。然后用大头针把触角向两侧展开，连同整姿板平放干燥。

（7）标本干燥后，撤去大头针，用三级台固定虫位，加插标签，即可放入标本盒（柜）内保存。

3. 幼虫干制标本的制作

将幼虫制成干制标本一般采用吹胀法，具体操作方法如下：将躯体完整的幼虫平放在较厚的纸上或解剖盘中，腹面朝上，头向操作者，尾向前展直。用一玻璃棒从头胸连接处向尾部轻轻滚压，使虫体内含物由肛门逐渐排出，以后逐次用力滚压数次，直到虫体的内含物全部压出，只剩一个空虫皮壳为止。取来医用注射器，拉空针管将针头插入肛门，不宜过深，但过浅又易脱落，然后用一细线将肛门与尾部插针处扎紧，余线剪断。将已插入针头的虫体连同注射器一起移到烘干器上加热吹胀。一面加热干燥，一面徐徐推动针管注入空气，这时要注意边注气边看虫体伸胀情况，并反复转动虫体，使之烘匀。待恢复自然虫态时即停止注气。虫体烘干后，即可移出灯罩，在尾部结扎细线上滴一滴清水，用小镊子把扎线取下，用一粗细适当的高粱秆或火柴棍从肛门处插入虫体，插入的深度以能支撑虫体为度，然后在秆（棍）的外端插上昆虫针，用三级台固定虫位，插上标签，一个干制幼虫的标本就完成了。

4. 蛹干制标本的制作

一般蛹的体格比较坚硬，因此干制标本的制作方法比较简单，可用小剪刀将腹部中央的节间膜剪开一条缝，用镊子将腹内软组织取出，用脱脂棉吸干汁液，重新将剪口黏合插上虫针，用干燥器烘干后，加签即可。

5. 虫翅鳞片标本的制作

虫翅标本的制作，除用透明胶带制成贴翅标本外，还可以把蝶蛾类翅面上的鳞片取下，专门制成虫翅鳞片的标本。

（1）选采成虫

采集的昆虫最好是刚羽化出来、飞动时间不长、翅面完整、鳞片没有擦伤、斑纹清晰、特征明显的，用这样的昆虫制成鳞片标本，效果最为理想。

（2）黏取鳞片

用小镊子把已死亡的昆虫的四片虫翅从翅基部轻轻摘下。根据翅面大小，剪取一块医用橡皮膏，胶面向上，平铺在玻璃板上，再把四面虫翅一一放在胶面上。在已放好的翅面上盖一张较柔韧的白纸，用手或指甲面在白纸上沿着下面所覆盖的虫翅向下反复磨压，尽量磨压周到，使翅面上的鳞片全被黏附在胶面上。

然后轻轻揭下白纸，用小镊子把已脱去鳞片的残翅小心剥去，即显露出清晰完整的黏制鳞片标本。最后，用小弯剪刀沿翅面的周边把四翅剪下。在剪好的四片翅面背后的胶布上均匀地涂一层薄层胶水，粘贴于卡纸上，再把触角蘸上胶水，与前翅前缘平行地黏在前翅的前方。在卡片上注明所属目、科及虫名，压在玻璃板下或夹在书页内，干燥后即可长期保存。

6. 昆虫局部结构标本的制作

除了制作整体的昆虫标本，还可以根据需要制成单项的昆虫局部结构标本，如昆虫的触角、足等。制作出较有系统的系列标本，在丰富昆虫知识和采集制作内容等方面都有一定的价值。昆虫局部结构标本的制作方法比较简单，如制作昆虫的各种类型的触角标本，可先用小镊子轻轻从各种昆虫的头部取下触角，放在一张大小适中的标本台纸上，调好位置和姿势，在每个触角的基部用一小点胶水暂时固定，然后采用透明胶带粘贴的方法，把这套标本黏好即可。

7. 昆虫生活史标本的制作

昆虫一生中有各种形态，完全变态的昆虫有卵、各期幼虫、蛹和成虫等，不完全变态的昆虫有卵、幼虫、成虫等。在采集时，一定要注意全面采集，尽量采集到各期形态的虫体，将它们吃的食物一同采下，做成浸制标本（把昆虫各期个体按顺序捆在玻璃上，然后放入标本瓶、倒入浸泡液），也可做成干制标本（按各期放入昆虫盒，盒里填上棉花，盒内放上樟脑丸）。制作昆虫生活史标本，通常是将某种昆虫的各态（卵、幼虫、蛹、成虫）及其寄主植物的被害部位一起装备在玻璃面的标本盒内。

8. 昆虫标本的保存方法

（1）保存未加工的昆虫标本。对于尚未加工的保留标本，如果是装在三角袋内的，可原袋不动地放入木盒和纸盒内暂时保存；如果是裸露的昆虫标本，可放入木盒或纸盒内，按类分层置于垫棉上，盒内要放些防腐剂和防虫剂。未经加工的昆虫标本还可放在干燥的玻璃缸内保存。在干燥的玻璃缸内放入氯化钙或硅胶等干燥剂，把标本放到缸中的瓷屉上，然后盖上缸盖。缸盖底部和缸口边缘都是磨砂口边，盖封比较严密，但在使用时还得在缸盖和缸口相接触的口边上涂些凡士林，这样缸口可以封闭更严，揭盖或盖盖时，需要用手平推缸盖，才易揭开或盖上。

(2) 保存昆虫干制标本。昆虫干制标本要及时放入标本盒并加药保存。梅雨季节尽量不开启盒盖，雨季过后应进行检查，随时添加防潮、防虫、防霉的药剂。一旦发现虫害，要及时用药剂处理。如有条件，应制作标本柜用于收藏全部标本盒。如不能制作标本柜，也应将标本盒存放在其他类型的橱柜中，以便集中保存管理。

(3) 保存昆虫浸制标本。昆虫浸制标本多保存在指形管内。

(4) 盒装标本需放标本柜（橱）内保存，注意防潮、防晒、防虫。

思 考 题

(1) 昆虫标本采集的常见昆虫种类有哪些?（至少列举出五种）

(2) 请简述成虫干制标本的制作方法。

(3) 请简述虫翅鳞片标本的制作方法。

(4) 昆虫标本的保存工具有哪几种?

第7章　蝶画的制作

第1节　概　　述

1. 什么是蝶画

蝶画也叫蝶翅画，顾名思义就是用蝴蝶翅膀拼贴而成的画作（见图7-1）。由于不同种类的蝴蝶色彩、花纹各不相同，蝶翅就成了天然画材，蝶翅颜色花纹也成了天然颜料与装饰品，通过制作者手工修剪成特定形状，再进行组合拼贴就可以用来创作各种色彩缤纷的画作。“蝶画”作为一个专门的艺术名词，是近年才产生的。蝶画作品形象生动、做工精良、自成一派、别具一格，彰显出了浓郁的中华民族传统文化，在当今中国艺术品中具有典型的代表性，被誉为“中国艺坛的一朵奇葩”。鲁迅先生更是将其称为中华文化缺门、独门、冷门的瑰宝。

蝶画的制作取材纯天然，纯手工拼贴，毫无做作之笔。蝶画制作者在制作蝶画时，选择不同种类、不同花纹的蝶翅进行巧妙地剪贴组合，拼贴过程强调结构与色彩的关系，运用疏、密、厚、薄的手法，使每种蝶翅色彩花纹都与所创作品完美贴合，不仅能充分体现各自的独特魅力，组合在一起，色彩与结构呼应，相得益彰，最终还能呈现出一幅完美画作。当然，要想制作出一幅好的蝶画作品，作者除了需要拥有丰富的想象力、非凡的绘画功底，还要对各种蝴蝶有一定的了解，这样才能将蝶翅的美发挥到极致。每一幅成功的蝶画作品，都是不可多得的艺术精品，凝聚了作者的艺术心血，具有颇高的欣赏和收藏价值。

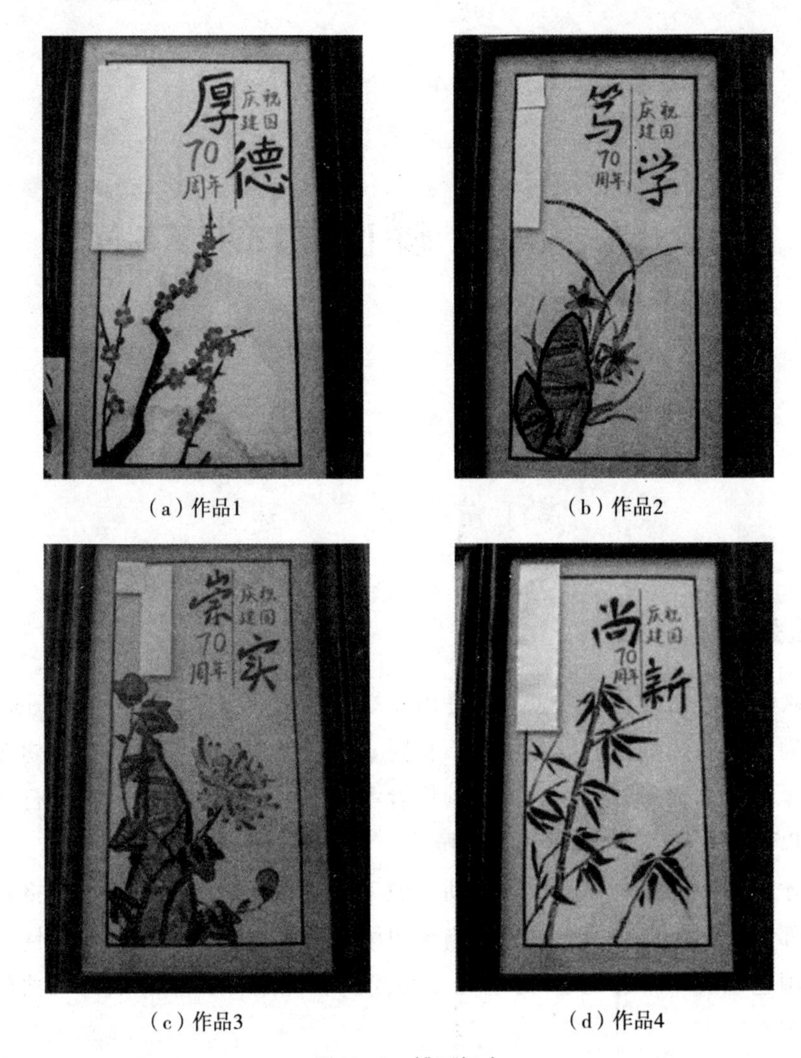

(a) 作品1　(b) 作品2

(c) 作品3　(d) 作品4

图 7－1　蝶画标本

2. 蝶画的种类

目前国内外蝶画的创作大概有以下几种：

(1) 抽象蝶翅画（仅用几片蝶翅塑造人物、风景、图案等）。

(2) 写真蝶翅画（根据图案及人物的形状而剪接的蝶翅画）。

(3) 油画效果蝶翅画（将蝶翅撕碎再根据画面色彩的需要粘贴而成，模拟油画刮刀刮出来的色块效果，这种蝶画的制作需要有油画创作基础。但由于要将蝶翅撕碎而作画，很多收藏者并不认同。

(4) 组合蝶翅画（如蝶翅麦秆画、蝶翅叶脉画等）。

(5) 蝶翅艺术装饰画、蝶翅艺术立体画（蝶翅以浮雕和立体组合等形式制作而成的画面，即将蝶翅与画板形成一定的角度，这种表现手法虽然效果很好，但制作的难度相当大）。

第 2 节　蝴蝶标本与蝶画的制作方法

蝶画手工制作工序有 30 多道，主要需要经过软化、展翅、干燥等过程。制作一幅大型蝶画，要采用成千上万只蝴蝶，从蝴蝶的捕集、蝶翅的严格甄选，再到蝶翅的加工，最后到剪切拼贴完成作品，耗时数年。我国有丰富的蝴蝶资源，1200 多种蝴蝶中，除了一些国家保护以及珍稀品种不能用于制作蝶画外，约有 500 多种普通蝴蝶可以利用。以蝶翅组成块面，强调原有外形和斑纹的表现，突出不同品种蝶翅的肌理、图案和金属光泽。利用蝶翅绢绸丝绒般的质感、不同角度泛出的光泽和自然天成的图案纹理，经过精心构思和巧妙拼贴，构成一幅精妙的蝶画。蝶画发挥蝶翅网纹的特点，使之与物体的造型结构相吻合，看上去片片蝶翅似有丝绒感，蝶画往往厚重紧密，繁而不乱，一旦置于亮处，光彩夺目。

1. 蝴蝶采集

(1) 材料用具

① 捕蝶网

捕蝶网由网柄、网圈和网袋组成，可以自己制作，也可以购买（见图 7-2）。网柄的长度约与自己等高，用直径约 2 cm 的竹竿或木棍均可。网圈的直径约 35 cm，用粗铁丝弯成，两端折成直角，固定在网柄上。网袋用白色或淡绿色的尼龙薄纱制成，网袋长度是网圈直径的两倍。网袋底部基本上是平的，两头呈弧形，这是与一般捕虫网的主要区别，以免蝴蝶入网后会因为底部狭窄而蝶翅破损。

图 7-2　捕蝶网

② 三角袋或三角盒

三角袋是采集蝶类标本时必不可少的，纸料以光滑半透明和较坚韧的硫酸纸或蜡纸为宜，大小可用 15 cm×11 cm 和 7.5 cm×11 cm 两种规格。

③ 毒瓶

采集昆虫时，对用来做标本的昆虫，采集后要迅速处理，以防其挣扎逃跑或肢体损伤及鳞片脱落。可以采用毒瓶处理，尤其是在夜晚灯下诱捕，虫量较多，来势迅猛，更需备有一定毒力的毒瓶，以便随时更替处理。常用的毒瓶一般选用质量较好的磨砂广口瓶，这种瓶的容积较大，盖上瓶口比较严实且不易脱落，使用起来比较安全。专业采集用的毒瓶，毒剂使用氰化钾（或氰化钠），它的毒力较强。由于这种毒剂毒性强，在制作、使用和保管中要特别注意安全，防止发生事故。废弃不用的毒瓶要妥善处理，严禁随意丢弃。

④ 采集包

采集包是用来放置各种采集用具的，以背式最为方便。

（2）采集方法与步骤

① 采集地点

选择背风向阳的坡地或者两山之间的平台，可以根据不同蝴蝶品种的喜好选择一些有虫媒花开放和有水源的地方；也可以根据蝴蝶的习性，在岩石或树干上涂上蜂蜜、在地上布置腐烂的瓜果等来诱捕蝴蝶。

② 采集时间

温带地区最佳采集时间为 3 月至 9 月，应选择晴朗无风或微风的天气。每天 9：00—16：00 为蝴蝶活动的高峰时间，另外还可根据不同品种繁殖发生的高峰期制订采集计划，如弄蝶科和眼蝶科的种类在早晚活动较多；蛱蝶科的种类白天非常活跃，很难捕捉，傍晚则群集在路旁或树丛中合适的地方。

③ 采集方法

若蝴蝶在空中，挥动捕蝶网，待蝴蝶入网后，将网底向上甩，连同蝴蝶倒翻到上面来，然后轻轻地用镊子取出，放入三角袋中。

若蝴蝶在地上，用盖压的方法将蝴蝶罩入网，一只手将网底拉起，使蝴蝶向上飞，另一只手封住网口，同上放入三角袋中。

若蝴蝶在物体上，先靠近蝴蝶，再惊动它，使它飞起，猛挥捕蝶网，蝴蝶就捉住了，这样既可避免将物体挥入捕蝶网内，又可避免物体将捕蝶网拉破。

④ 采集后处理

在三角袋上应注明采集的地点、海拔高度、日期及采集人姓名。

(3) 采集蝴蝶时的注意事项

① 全面采集

采集要全面、细心，不论蝴蝶美丑，都要多采集各式各样的蝴蝶品种，为蝶画的创作提供良好的基础。

② 标本完整

注意标本完整性，蝴蝶触角、翅膀、足等都是极易被损坏的部位，在采集过程中尽量不损伤蝴蝶的各个部分，否则会降低标本的价值，给标本的鉴定研究带来困难。采集的蝴蝶最好立即使用毒瓶处理，在毒瓶内每次放入的只数不能太多，否则容易使标本损坏。或者将采集的蝴蝶放入三角袋，一袋一只。

③ 保护昆虫资源

采集昆虫标本时，所采集的种类和个体数量应以需要为依据，不要乱杀滥采。

2. 蝴蝶标本的制作

(1) 材料用具

① 昆虫针

昆虫针是制作针插昆虫标本的必备用品。因昆虫虫体大小不同，采用的昆虫针的粗细各异。昆虫针通常长度为 39 mm，型号有 00 号、0 号、1 号、2 号、3 号、4 号、5 号、6 号、7 号等，00 号昆虫针直径最细，品质以弹性优良的不锈钢制品为最佳。针插蝶类标本，常购置 5 号、3 号、1 号昆虫针。

② 三级台

三级台可用一块木板做成长 12 cm、宽 4 cm、高 2.4 cm 的三级台，第一级高 0.8 cm，第二级高 1.6 cm，第三级高 2.4 cm，每一级中间有一个和 5 号昆虫针一样粗细的小孔，以便插针。三级台是用来针插标本的，它可以使所有制作的标本及其标签的高度统一。昆虫针与三级台如图 7 - 3 所示。

③ 展翅板

展翅板选用较软的木材制成。板中铺一软木的沟槽，沟槽旁两块板中的一块是可以活动的，以便根据虫体大小调整沟槽的宽度。如没有这样的展翅板，也可以用硬泡沫挖槽制成。

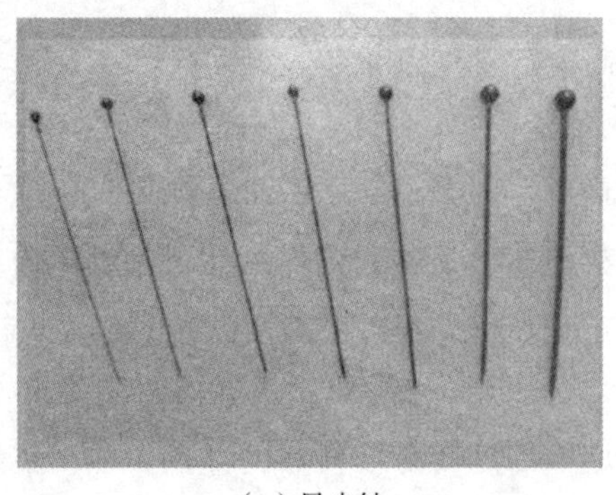

(a) 昆虫针

(b) 三级台

图 7 - 3　昆虫针与三级台

④ 还软器

在制作贮藏中的标本时，由于虫体已经干脆，一触即碎，必须使其还软，才能展翅和整姿。还软器是制作干标本的必备工具。在大量制作时，合适的还软器可利用玻璃质干燥器来改装，即在干燥器底放一层洗净的湿沙子，加几滴苯酚以防发霉，在沙子上放一张吸水纸，再将三角袋竖放干燥器中。在室温下数天左右（夏天时间短些）蝶体可还软，此时须抓紧展翅和整姿。放置时间过长，标本会发黑，影响色泽。如无干燥器，各种有盖的容器都可替代。

除上述 4 类材料用具，还需要标签、压条纸、大头针、镊子等。

（2）制作步骤

① 插针

取已还软的标本，用镊子轻轻压开四翅，选适当大小的虫针，端正地从中胸背面正中垂直插入，穿透到腹面，虫针尾部在胸部背面处留出 5 mm。如不能正确掌握长度，可用三级台来量，因为三级台每级的高度是 8 mm。

② 展翅

整理六足，使其紧贴在身体的腹面，不要伸展或折断；使触角向前，腹部平直向后，将插有蝴蝶的虫针插入展翅板沟槽内，使蝴蝶的身体正好处在沟槽中，插入的深度使蝶翅基部与身体连接处正好和板面在同一水平上。双手各用 1 枚细虫针同时将一对前翅向前拔移，使两前翅的后缘连成一条直线，并与身体的纵轴成直角（细虫针拔的位置最好在剪边前缘的中部、第一条脉纹的后面，因为前翅第一条脉最粗，不致将蝶翅撕破）。暂时将此两枚昆虫针插在展翅板上固定。另取 2 枚细昆虫针左右同时拔移后翅向前，使后翅的前缘被前翅后缘所盖住，此时后翅暴露面最广，也符合蝴蝶飞翔时的自然姿态，将此2枚细昆虫针插在展翅板上临时固定。

将薄而光滑的纸用剪子剪出若干一定宽度的狭条，放在蝶翅的上面，将纸条绑紧，两头用大头针钉住，再将触角及腹部拨正，也可用大头针插在那些部位的旁边板上，使蝴蝶全体保持最优美的状态，然后将翅膀上的细虫针小心拔去（只留胸部1枚虫针），原先翅上所刺的孔会自然合起，不会留下小孔。大头针切不可插在虫体或翅上，否则会留下孔洞。

原来包蝴蝶的三角袋上通常记有采集地点、日期等字样，注意小心剪下，附插在旁边，不要弄错。展有蝴蝶的展翅板应放在避尘、防虫的地方（如纱橱）阴干，或在温箱中烘干。如果不是梅雨天气，大约一星期就可以阴干。小心除去大头针和纸条，将虫针连标本从展翅的沟槽中取出即可。蝴蝶展翅如图7-4所示。

(a) 平展

(b) 插针

图7-4　蝴蝶展翅

③ 上标签

标本制好，必须立即在昆虫针上附上标签。最上一级的标签为采集标签，其大小有统一的规定，为15 mm×10 mm。标签上要写上采集地、采集日期及采集者姓名，这是一个科学标本所必须具备的，可用绘图用的细钢笔写，也可用照片或静电复印或铅字排印。再低一级为编号或保存单位的标签，每级距离也为8 mm。鉴定标签（学名及鉴定人的签名）则紧贴在标本盒底面。所有原始记录，如海拔高度、生态环境、寄生等记载应尽量插在昆虫针的最下面。

④ 装盒

经上述处理后的标本即可装盒。

（3）浅盒标本的制作方法

如果作为生活史标本（用浅的玻盒填衬棉花，并附幼虫、蛹、卵的标本及寄主的枝叶干标本），供教学或科普宣传用，或专为艺术欣赏、展览用。为携带、运输方便，常用浅盒，盒的厚度小于40 mm。

① 所有展翅板为一平板，不挖沟槽。

② 昆虫针从中胸腹面插入，将蝴蝶翅膀反钉在展翅板上。

③ 依正规方法展开四翅并用纸条及大头针压住蝴蝶主体，整好触角、腹部及足。

④ 拔去所有的昆虫针，连刺在胸部的那一枚也拔去。

⑤ 经过干燥的过程，除去大头针及纸条，即得不附昆虫针的标本。

⑥ 用有机胶将标本正面或反面黏在浅盒的底板上，或放在棉花上。

（4）蝴蝶标本制作注意事项

① 由于蝴蝶上有很多粉，而且有的蝴蝶较小，翅膀容易被弄烂，故手工操作时一定要小心细致，用镊子轻轻地进行展翅，防止粉掉落，保持其特点和完整性，以便后续鉴种工作的进行。

② 一定要等晾干后再撤掉展翅板，否则姿态不能固定。

③ 展翅时避免将昆虫针扎在蝴蝶翅膀上。

（5）标本保存

① 标本盒的选择

保存蝴蝶成虫标本的用具主要是标本盒。制作标本盒的材料有多种，如木材、纸、玻璃等。标本盒的形式有分体式、抽拉式等。

② 标本保存的环境和药品选择

标本要放置在日光不能直射到的通风干燥处；标本盒的密封性要好；梅雨天不要打开标本盒。为防虫蛀，标本盒内可放樟脑丸等防虫剂。每年秋季要检查一次标本是否被虫蛀和是否需要更换防虫剂。

③ 完善蝴蝶标本卡片

标本卡片主要用于记录该蝴蝶标本的信息，包括中文名、学名、采集者、采集时间等。

④ 标本柜和采集记录卡

蝴蝶标本积累到一定数量后，可以分门别类存放在标本柜里。例如，按国家、省或地区顺序存放，在省或地区里还可按科、属存放，标本柜每层抽屉要标明字样。标本柜还要存放数份标本采集记录卡，卡片上要一一标明该标本柜里所有标本的记录，就像档案一样，以便查找。

⑤ 整理

制作好的蝴蝶标本，在最初种类和数量较少时，可混放在标本盒中。标本盒多为有玻璃盖的盒子，盒内底部还应有薄的软木层或吹塑板层，以便插针固定标本。随着标本种类和数量的增多，需要按其科、属、种来收集和保存。保存时，标本盒内应放樟脑丸等防虫剂，并将密封好的标本盒保存在没有日光直射的干燥处，每半年或1年应换一次防虫剂。

3. 蝶画的制作过程

（1）制作工具

乳胶、毛笔、剪刀、镊子、铅笔、昆虫针、大头针、展翅版、硫酸纸、画框等。

（2）主要原料

各种蝴蝶翅膀、干花、背景纸、卡纸等。

（3）制作步骤

① 确定绘画的内容，准备好足量的需要用到的蝴蝶翅膀。

② 绘制背景图。背景图是整幅作品的底色，可以自己设计，然后将设计好的图案打印出来使用。把画框的背板卸下来，将背景图贴在背板正中，注意要贴平，不要有气泡。用铅笔在背景图上轻轻描出图案轮廓。

③ 先用透明纸印下局部图案，然后按照图案的大小，在另一张纸上刷上一小片乳胶，将两片相对应花纹的蝴蝶翅膀正面朝上贴牢。按照图案将蝶翅剪出所需的形状。

④ 在背景图对应处薄涂一层乳胶，然后将剪好的蝴蝶翅膀贴在上面，可以用旧报纸轻轻按压翅膀，挤出多余的乳胶，使画面更服帖。

⑤ 按照上述步骤将全画完成后在画面空白处题写诗句，盖上一枚印章，一副栩栩如生的蝶画就完成了。

⑥ 在给蝶翅画装框之前，还要用樟脑丸进行防腐处理。将樟脑丸碾成粉末，用纸包好，黏在画框内侧的一角。然后将蝶翅画装入画框内，四周用胶带密封住即可。

（4）蝶画制作注意事项

① 采集来的蝴蝶的翅膀在使用之前要先进行展翅和干燥处理。暂时不做展

翅的蝴蝶可以放入三角袋里保存。用手取蝶时切忌拿捏翅膀，以免印上指纹，破坏蝴蝶的品相。移动时可用镊子或手轻轻拿取蝴蝶的胸部和触角。

② 制作蝶画时最要紧的是心要静、动作要轻、选材要精、构思要巧，静、轻、精、巧这四个字是成功创作蝶翅画的关键。

思 考 题

(1) 采集蝴蝶时应注意哪些问题？

(2) 制作蝴蝶标本分为哪几步？制作时有哪些注意事项？

(3) 蝴蝶标本制作完成后应怎样保存？

(4) 简述蝶画的制作步骤。

第8章　琥珀标本的制作

第1节　概　　述

1. 琥珀的形成

琥珀是一种由松柏科、云实科、南洋杉等植物的树脂形成的透明生物化石，也叫作树脂化石。其中，大多数琥珀由松科植物的树脂石化而成，故又被称为“松脂化石”。琥珀中保存有许多小动物和植物，这些动植物栩栩如生，活灵活现，令人赞叹不绝。那么，天然琥珀是怎样形成的呢？经过多年来的煤矿开采以及对琥珀的研究，人们了解到在3亿多年前的古生代石炭纪、中生代，直至几千万年前的第三纪的煤层或其他岩层中都含有琥珀，但地区、地层不同，其中所含的琥珀的数量与质量也各不相同。其中，古生代的琥珀含量较少，中生代较多，而第三纪则最多，第三纪也是琥珀产量最繁盛的地质年代。那时，陆地上是一片繁茂的原始森林，其中生长着各种植被，有的树种可以自然地流出树脂（或称树液），而有的树木因自然灾害等受到创伤，在树干折断处或裂口处，不断地分泌出带有自然香味的树脂，这些流出的树脂凝固后会成为透明的固体，这就是现在人们熟悉的松香。

这些树脂流出后，散发的各种香味吸引着许多昆虫及其他小动物前来。由于这些树脂呈黏稠状，小动物一旦被黏住就难以逃脱，之后树脂继续流出，将被黏住的小动物、树枝、树叶等包裹住，后被埋藏在地下。由于这些动植物等被石化的树脂包裹，其构造特征便被原封不动地保存下来，这就是为什么琥珀中保存有如此完好的动物、植物的原因。

由于地壳运动、盆地的急速下降，原始森林被深深地埋藏在地下，与空气隔绝，被包裹在树脂中的各种动植、植物不会氧化、腐烂。在地下经过温度和压力的作用，树脂石化变为琥珀，被树脂包裹的动物、植物变成了“活化石”。这就是琥珀的形成过程。蜘蛛琥珀标本如图 8-1 所示。

天然琥珀是昆虫等包埋于自然树脂中，并长期在地壳层演变最终形成的。因此，天然形成的琥珀数量有限，而且形成过程相当漫长。天然琥珀形成的过程展现出了自然界沧海桑田的奇妙变化，给人们留下了珍贵的关于地球发展史的可靠证据，尤其是那些“活化石”——琥珀昆虫，更是沧海桑田的证据，也是极难得的标本。

图 8-1　蜘蛛琥珀标本

除了天然琥珀，现在也有人工合成的琥珀（见图 8-2）。依据天然琥珀的形成原理，采用适当的材料将昆虫标本包埋制作而成的人工“琥珀”昆虫标本相比于以往的标本显得更为生动、形象，生态效果好，可以表现出昆虫刹那间的任何一个方位，同时更为经久耐用，不易腐烂变色，便于保存、放置。

图 8-2　人工琥珀标本

2. 常见的几种琥珀

（1）金珀

金珀在琥珀中是一种较为常见的品种，金珀古代被称为“财石”，其色彩鲜亮，华贵引人，具有富贵之美，因而深受大众的喜爱。

（2）蓝珀

蓝珀是一个统称，是指在紫外线以外的光线下呈现金色、绿色、蓝绿色、天蓝色、蓝紫色等的琥珀品种。“蓝珀”特指产地为多米尼加共和国与墨西哥的琥珀。

（3）绿珀

绿珀和蓝珀的颜色形成原因是一样的，都是因为在阳光下产生的一种光学现象。对着光源看时，蓝珀和绿珀都是金黄色或者呈蜂蜜色甚至是红色的。而对光看呈现绿色的琥珀，却不是真正的绿珀，而是波罗的海金珀优化（净化）后的一种产物。

（4）血珀

血珀是琥珀石化之后，在外力作用下部分琥珀从地底冲出，裸露在地表，在风吹日晒下经历氧化过程，导致表皮形成厚厚的风化皮，并且里外的颜色都是一致的红色。血珀可分为金红、翳珀、深血红、樱桃红、橘红等颜色。

（5）骨珀

骨珀是琥珀中的一类。骨珀以黄色蜡状琥珀为基础，中间以云雾状分布着很多呈现丝绒质感的白色成分，黄白相间，略带些褐色，白色越多的骨珀成色越好，价值自然也就越高，纯白色的品种更是骨珀中的极品。

（6）灵珀

灵珀不是某一种琥珀，而是一个总称，所有内含生物体或者矿物体的琥珀都叫灵珀。例如，含有昆虫的称为虫珀，含有植物的称为植物珀，含有水的称为水胆珀，这些都可以统称为灵珀。

3. 琥珀的用途

各式各样的琥珀不仅具有很高的欣赏与收藏价值，还在多方面发挥着十分重要的作用。

在文化方面，中国及欧洲史前时代，民间将琥珀视为吉祥物。德国和罗马尼亚更是把琥珀作为国石，其中蕴含着深厚的文化底蕴。

在工艺方面，琥珀作为优美的工艺品，常被制作成项链等各种装饰品，深受各地游客的青睐。

在医学方面，琥珀具有安神定惊、散淤血、利尿等功效，外用时可作为痔疮生肌、收敛之药。

在科学研究方面，琥珀作为生物化石，不仅外形纤毫毕现，其保存下来的动植物还携带了许多远古的物种信息和环境信息，这些信息为科学家研究生物的分类及进化、再现当时的环境等提供了依据。

在工业方面，琥珀可以用来做琥珀酸、黑色假漆和保护涂料的添加剂、芬芳的香料和电气仪表的绝缘材料。

在收藏方面，琥珀五颜六色，玲珑剔透，早已被人们视为稀世珍宝，矿物学上已被归入宝石类。近来，收藏家们也视其为一种珍贵的藏品。琥珀中的昆虫姿态各异，栩栩如生，是立体的画卷、艺术的珍品。对此，民间有许多关于琥珀神奇的传说与赞美的诗歌，琥珀也成了早年帝王的贡品、收藏的珍宝。

随着社会的进步与生活水平的提高，人们对琥珀的数量和质量要求更高。无论是加工工艺、图案设计还是原料选择都很考究，这把琥珀的研制推向了一个新的水平。琥珀既可作为饰品，又是贵重的中医药品，还有很高的科学价值，这些独有的特点为其他高档饰品所不及，因而在琳琅满目的饰品中独树一帜。

当今人们对琥珀和琥珀昆虫的研究以及对琥珀的饰品加工、入药或作为化工原料的研究都有了新的发展。尤其是在古昆虫学、昆虫学的分类与演化研究方面，琥珀昆虫是珍贵的科学资料，有很高的科学研究价值。琥珀的工艺品和饰品，也随着琥珀昆虫很高的科学研究价值而提高了身价。

第 2 节　琥珀标本的制作方法

制作昆虫标本是研究和保存昆虫的一种重要手段。传统干制针插法一般用于制作成虫标本，但由于标本会与空气接触，受气候影响较大，昆虫标本受潮后容易生霉、遭虫蛀，且容易受到机械损伤，破坏标本的完整性。而浸渍法一般用于保存幼虫、蛹和卵。在保存中若浸渍液挥发则容易使标本干瘪，破坏其保存价值。以上两种方法要用瓶装、盒装、橱藏，不易保存，占用空间大。

琥珀不仅是美丽的树脂化石，而且其内部包裹着史前生命的标本，这些标本为沧海桑田的地球发展提供了依据，是古生物学家们一生的追求，因此琥珀被我们称为“时光的胶囊”。琥珀以特殊的方式冻结了时光，把上亿年前的古生物保存下来，原封不动地将亿万年前的信息传递到我们面前，因此琥珀作为一种特殊的标本，对我们来说具有十分重要的意义。

人工琥珀昆虫标本保存法是近年来兴起的一种新的用于长久保存昆虫的干制标本法。

目前，常用的昆虫琥珀标本制作技术根据所用包埋的材料不同可分为以下三种：①以松香为包埋材料的制作技术；②以有机玻璃为包埋材料的制作技术；③以人工合成树脂为包埋材料的制作技术。这三种技术各有优劣，本章主要介绍以松香、有机玻璃为包埋材料的琥珀标本制作方法。

1. 昆虫的选择

制作人工琥珀标本整个过程较长，聚甲基丙烯酸甲酯又具有脂溶性，因此不同种类的昆虫操作技术存在差异。

（1）个体大小

一般来讲，小型昆虫体型小、用料少、聚合快，因此包埋期短，易于操作。值得注意的是，昆虫置入模具后第一次加料要防止体型小的昆虫在包埋液体中移动。中型昆虫包埋程序按规则执行。对于大型昆虫，需要模具体积大、用料多，因此包埋延续期长，难度相应大些。要防止在操作过程中出现意外如爆聚、爆裂现象。

（2）个体特征

不同的昆虫种类具有各自的特征，不同的特征影响着操作技术。

① 鞘翅目成虫最适合包埋

鞘翅目成虫头部高度骨化，体躯紧凑，足、触角粗短。前翅又称鞘翅，为坚硬的骨质，覆盖了后翅及体后部，在包埋过程中操作方便。由于鞘翅的色泽和鞘翅上常有刻点和纵沟，包埋成形的琥珀标本也十分美观。

② 包埋直翅目、半翅目、网翅目成虫时要特别注意每种昆虫的特征

试验昆虫为蝗虫、斑衣和螳螂。蝗虫和螳螂的足较长，造型后增加高度，一是耗材料，二是较长的足在包埋时要注意防止其被移动和折断，三是纤细的触角在包埋时极易折断。直翅目中的螽触角特别长，稍不留心就会被折断，因此纤细的触角是包埋工程中特别要注意的环节。这三个目的昆虫仍属于比较容易进行包

埋的类型。

③ 处理蜻蜓目成虫膜质翅是关键

蜻蜓的翅为膜质且是展开的，包埋时如果不掌握好加料时间就会撕裂翅膀，损坏蜻蜓个体的完整性。

④ 保护鳞翅目成虫鳞片色泽是重点

鳞翅目昆虫的蛾蝶两类成虫，翅膀为膜质，翅上覆盖着由不同色泽鳞片组成的各种花纹会被包埋原料单体溶化而褪色，从而使具备分类特征的花纹失真而丧失分类作用。另外，单体在聚合过程中加料不及时会引起膜质翅的开裂。因此，对于鳞翅目昆虫，最好在包埋前增加一道防鳞片溶化的保护膜。这种保护膜可用高分子有机膜（聚对二甲苯原料）先覆盖蝶蛾体躯和翅膀再进行包埋。但这种膜的价格较贵，实用价值不高。

2. 松香琥珀标本

（1）材料

松香、废弃的一次性培养皿（聚乙烯塑料）、昆虫。

主要工具为模具（可以自己制作或购买）、软木板、大头针、小镊子等。

（2）昆虫标本的制作方法

① 选材：选择肢体完整的昆虫备用。

② 展翅：有些昆虫要展翅（如蛾、蝶等）。展翅时，先用小镊子将选取的昆虫小心放置在展翅板上，使虫体陷入凹槽内，使翅和展翅板处于水平位置。用解剖针将翅展开，使两前翅后缘成一直线并与虫体的长轴垂直。然后用小镊子将翅调整至理想位置后，再用牙签或镊子将翅轻轻压在展翅板上，固定翅膀。展翅后，调整一下触角、脚及腹部位置即可。

③ 整姿：有些昆虫（如蚂蚁、金龟子等），不需要展翅，但在标本采集后，虫体会卷曲，为使将来容易观察以及维持标本美观，必须要整姿。整姿时，昆虫前足及触角向前，中后足向后，身体各器官伸展开来，用小镊子将欲固定的部位放到适当位置后，用牙签或解剖针协助将肢体固定在整姿台上。

④ 干燥：将黏有昆虫的软木板放在培养皿中，置于阴凉通风处或室内 2～3 天，等待昆虫干燥。

⑤ 保存：保存妥善，备用。

（3）模具的制作（本方法以萝卜为原料）

① 取材：根据昆虫大小用文具刀纵切适当的萝卜段（厚度为 1～1.5 cm）。

② 造型：设计模具形状（如菱形、心形、瓶状、房子状等）。先用文具刀在萝卜段纵切面刻出所需形状，然后挖至中空，力求平滑，以免制出来的标本表面不平整。

③ 制作模具：剪取适当大小的蜡纸，放在培养皿中，作为模具的底座，将挖空的模具置于其中，备用。

（4）包埋材料配制

松香和一次性培养皿碎片按照 4∶1 的比例混合配制。

（5）松香琥珀标本的制作方法

① 研磨：将松香块放入研钵，研磨成粉；将废弃的一次性培养皿砸成碎片。

② 称量：用天平称取松香和一次性培养皿碎片，备用。

③ 熔化：用镊子将一次性培养皿碎片放入蒸发皿中，用酒精灯加热，边加热边搅拌，直至碎片熔化，然后加入松香继续搅拌使松香和碎片融合均匀，混合液呈黏稠状时停止加热。

④ 包埋：将蒸发皿中的混合液倒入试管，在酒精灯上加热至混合液熔化后停止加热；将试管中的混合液沿事先制好的模具一端倾注在其中一层（2～3 毫米）；然后用小镊子将制备的昆虫标本从软木板上取下，放在模具内注层上，用小镊子或解剖针小心调整标本至理想位置；待虫体不会发生漂移时将试管中剩余混合液再加热，按同样方法注入模具，将昆虫标本完全覆盖，常温下静置。

⑤ 脱模整形：静置 3～5 分钟后用解剖针轻刺混合液检查是否凝结，若混合液凝结变硬，即可脱模。脱模时将蜡纸揭下，然后用手指在模具中央轻轻按下，标本即可脱落；脱模后，标本如有不平整、不理想之处，可用剪刀镊子修整；修整后，有些部分会毛糙、不透明，看不清里面的昆虫，可用酒精清洗。

⑥ 保存标本：将昆虫琥珀标本放在标本盒内保存，在标本盒内相应的位置贴上标签，注明标本的名称、采集地点、采集日期和采集人姓名。

（6）注意事项

① 实验操作过程中应戴一次性口罩和手套，因为加热熔化一次性培养皿和松香时会有刺鼻的气味散发出来。

② 在干燥昆虫标本时，不可将其放于太阳下暴晒，否则昆虫的颜色就不鲜亮，更不可用微波炉或酒精灯烘干。

③ 在加热熔化时特别注意要用小火，并不断搅拌，因为温度过高松香的颜

色会加深，影响标本的透明度。

④ 混合液熔化后立即停止加热，温度稍微降低时，用玻璃棒轻轻搅动，让混在其中的气泡跑出。若有气泡产生，可用解剖针刺破。

⑤ 用酒精清洗昆虫琥珀标本时不要把标本浸在酒精中，而要用左手捏住标本，用右手指沾点酒精，在标本不透明的地方顺一个方向摩擦，直到看上去透明，最好在 4 分钟内完成。

⑥ 昆虫琥珀标本采用新鲜标本最佳，因为其色泽鲜亮，栩栩如生。

3. 有机玻璃琥珀标本的制作

（1）材料

原料：用来包埋昆虫标本的原料是制作有机玻璃的聚甲基丙烯酸甲酯，它是一种无色、透明的液体（生单体）。生单体经过加热预聚合成为无色透明的黏稠状液体（熟单体）。熟单体需保存在低温下才能保持液体状，在高温下会渐渐聚合而硬化。

昆虫：采集成虫，一般为鞘翅目、直翅目、网翅目、半翅目、蜻蜓目、鳞翅目昆虫。

工具：主要工具是玻片、小镊子、细针和温箱。

（2）昆虫标本制作

同松香琥珀标本。

（3）模具制作

模具的形状可以按制作者的设想选择，圆形或方形均可，一般以方形较多。制模时将裁好的玻片用牛皮纸条和浆糊将接缝处贴合制成长方形的玻璃盒。每一个模具的上方不盖玻片，用于注单体和放昆虫，但要备一块略大的玻片作为盖子，防止灰尘及杂物落入包埋体内。

（4）包埋标本

① 包埋前准备

将需包埋的成虫标本整理定形，干燥保存备用。有条件的可进行真空抽气（昆虫放入模具前）抽去昆虫体内的空气，并即刻将昆虫体浸入单体中约 1 小时，使虫体与生单体完全融合。

② 制模底

将熟单体注入做好的模具内，最好不要超过 5 mm，随即将其放置在 40 ℃温箱中，12 h后取出再注入熟单体至4～5 mm厚，使模底已聚合的聚甲基丙烯酸甲酯的厚度不小于3 mm。其目的是保持要包埋的昆虫体与外界有一定的距离，也是保护制好的包埋昆虫标本在脱模时不会因底太薄而破裂。

③ 包埋标本

将浸透生单体的昆虫标本小心地放在模具内的设想位置，将熟单体沿着斜置的玻璃棒缓缓注入模具内，厚度不超过5 mm。包埋的昆虫如果体积较小，可先注入熟单体，再将昆虫置于熟单体中适当的位置。熟单体的注入量只需昆虫厚度的1/2，昆虫背向下置入模具内以便于操作。每次加料后都要用玻片将模具口盖好以防止杂物进入。有条件的可将模具放入恒温箱中聚合。加料1～2天后用针试探，感到单体已凝固但未硬化时，可再加入熟单体，每次加料的厚度不超过5 mm。这样持续进行直至虫体全部被包埋，包埋的厚度要高出虫体5 mm。这时，可将包埋体放置起来，让其自然完全聚合并硬化。完全硬化后即进入脱模阶段。

④ 脱模

先将牛皮纸撕去，再将玻片拆下即完成脱模。脱模效果好坏的关键在于玻片是否光滑和干净。光滑干净的玻片容易脱模，而且脱模后包埋体的外壁光滑、透明度好。脱模后的标本——琥珀昆虫标本，其边缘不平整、不光滑，需先用细砂轮打磨，再用抛光剂、牙膏软皮将其磨光修整成形，全部制作过程即告完毕。

4. 琥珀的保存与保养

（1）琥珀的保存

① 避免接触强酸、强碱，置于阴凉干燥处保存。

② 琥珀硬度低，怕摔砸和磕碰，应该单独存放，不要与钻石、其他尖锐的或是硬的首饰放在一起。

③ 保存时避免剧烈波动的温差。

④ 不要与酒精、汽油、煤油和含有酒精的指甲油、香水、发胶、杀虫剂等有机溶液接触。

（2）琥珀的保养

① 琥珀吸水性强，不易在水中浸泡时间过长。夏天如果人出汗多，佩戴后应尽量用布擦拭干净。

② 不要用毛刷或牙刷等硬物清洗琥珀。

③ 不要使用超声速的首饰清洁器清洗琥珀，这样可能将琥珀洗碎。

④ 当琥珀上有灰尘和汗水时，可将其放入加有中性清洁剂的温水中浸泡，用手搓冲净，再用柔软的布（如眼镜布、纯棉布）擦拭干净，最后滴上少量的橄榄油或是茶油轻轻擦拭琥珀表面，稍后用布将多余油渍去掉，琥珀便可恢复光泽。

⑤ 可使用不带磨砂颗粒的温性牙膏为琥珀去痕，但应谨慎使用。

⑥ 使用无色的封堵胶或是特别的珠宝胶对裂痕的琥珀进行修补，不要使用502胶水。

⑦ 没有抛光剂的情况下，可以使用黏有不含增白成分的牙粉、浸有蜡油的棉布上光，要趁混合物还有热度时来回摩擦。

⑧ 用纯棉布或眼镜布擦拭，可在一定程度上恢复琥珀光泽。

⑨ 最好的保养方式是长期佩戴，人体油脂可使琥珀越来越光亮。

思 考 题

（1）什么是琥珀？琥珀是怎样形成的？

（2）琥珀都有哪些作用？

（3）常见的琥珀有哪几类？它们有什么区别？

（4）制作松香琥珀标本时应注意哪些问题？

（5）应如何保存与保养琥珀标本？

第9章　生物标本制作新技术及发展趋势

生物标本就是将动物或植物的整体或局部进行整理后，经过加工保持其原形或特征，并保存在科研单位或学校的实验室中，供生物学等学科进行教学、科学研究或陈列观摩用的实物。生物标本的制作和保存是生物学家发现和研究物种多样性的重要物质基础。生物标本对开展生物学、生态学、保护生物学、地理学和资源学等研究是必不可少的，也是任何文字与图形记录都难以取代的实物资料。因此，生物标本对自然科学的发展具有巨大贡献。目前，全世界各地收藏的各类生物标本数不胜数。随着人类社会经济的迅速发展，经典生物学科与新科学技术的结合越来越紧密，生物标本本身的价值也得到了进一步体现。一个记录完整并且保存完好的生物标本，其科学价值是永存的。尤其是对于濒危及珍稀物种的研究和生物资源的保存来说，具有十分重要的意义。

生物标本除了对人类自然科学的研究具有重要作用外，其在生物学教学中的价值主要体现在：作为直观教学工具发挥作用，作为教学材料保证实践教学，通过制作生物标本提高学生的动手能力。当今，我国对生物标本需求呈现出有序、有渠道、有管理的状态。随着科学技术的不断发展，生物标本的制作水平也在不断提高，标本展示方式更是日益多样，生物标本的观赏性、实用性、收藏价值都得到了有效提升。现今不断生产制作出的精品标本也逐渐受到标本爱好者、收藏家、艺术家的喜爱。欣赏精美的生物标本反映了人们对大自然之美的追求和敬畏之心。生物标本也是生态文明、美好生活的组成部分。

第 1 节　现代标本与传统标本的区别

近半个世纪以来，随着新思想、新市场、新材料的不断发展，各种新技术不断应用到生物标本的制作中来。突破了其原有的制作模式，实现了生物标本技术的更新换代，也使生物标本从实验室、教室逐渐走入了千家万户，成为高档装饰品、收藏品。现代标本和传统标本的主要区别有以下几点。

1. 现代模型技术与标本制作技术的交叉与完美融合

传统标本的制作仅仅建立在动植物本身上，而现代标本制作可以说是建立在模型的基础上的。首先，在制作一些动物标本时，采用了部分精确雕刻的假体。假体制作本身就需要多道工艺，技术要求也高，假体本身就是艺术品。现代标本的制作在工艺上的许多改进都基于了假体制作的需要。其次，在制作标本时，对于一些不容易保留的柔软部分，如鸡冠、舌头等部位可以直接使用模型取代，模型的应用解决了收缩变形带来的失真问题，使制作出的标本十分逼真，达到了完美的境界。现代模型技术与材料广泛应用于考古、仿古研究与展览等领域。

2. 鞣制工艺的应用

现代标本制作工艺中的一个重大突破就是鞣制工艺的应用。它使动物皮张由生皮转为熟皮，使标本的保存不再依赖防腐剂的使用。鞣制工艺的应用，解决了传统标本使用有毒防腐剂的问题，解决了标本易收缩、保存困难的问题，为制作出高质量的标本提供了前提，同时也使标本得以走进普通人家庭成为家居装饰的一大亮点。

3. 新材料的大量使用

新材料、新工艺的应用在现代标本制作技术中是必不可少的。例如，要想制作出的假体既精巧、坚固、轻便，又栩栩如生、逼真生动，就要在假体制作材料上不断改进。再如，各种黏合剂、环氧材料、无毒无收缩黏土、塑料、醋酸纤维等的应用，极大地丰富了面部造型，促使现代标本制作变成了一门高雅的艺术。除此之外，在清洗、毛皮保护、光泽的反映、色彩的复原等工艺上也引入了大量新材料。

4. 高标准义眼的研制

眼是心灵之窗，一个标本的制作，眼睛的处理是至关重要的。即使其他方面完成得再完美，眼睛不传神，标本也会失去神采，变得呆板、死气沉沉、不够生动。因此，在义眼的制作上，有专业人士仔细研究了各种不同类型的动物的眼的大小，曲度，折光，不同时间、环境下瞳孔的变化，不同年龄的差别，以及眼中血丝的分布，可以说已达到了极其精微的地步，使每个标本都有了灵魂。义眼如图 9－1 所示。

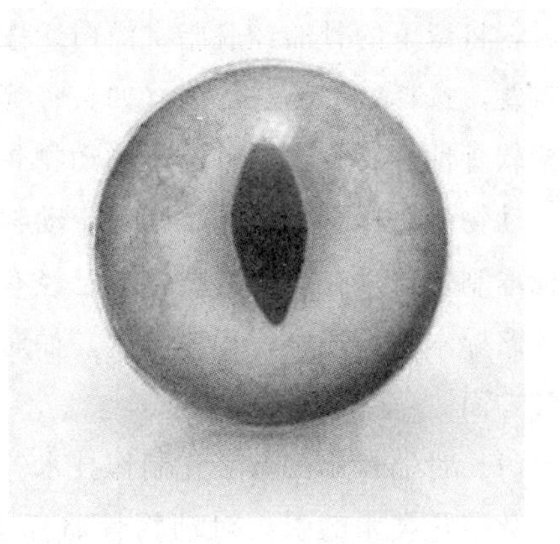

图 9－1　义眼

5　分工的细化

制作水平的提升，欣赏品位的提高，各种艺术形式的借鉴，大大促进了标本艺术的发展，也带来了分工的细化。有专门研究新材料、新工艺的服务厂商，有精通标本制作技艺的艺术家，这些制作者中也有各自擅长的领域，如有人擅长做动物标本，也有人擅长制作植物标本等。标本制作的分工非常精细，这使得标本制作者可以集中精力专注于一方面的深入研究。

6. 配饰和灯光的应用成为标本不可分割的组成部分

现代标本不仅仅把眼光集中在标本上，单单制作完标本，其实工作才完成了三分之一。为标本提供一个环境，给整个作品营造一种特殊的意境，表达制作者的理念和思想，使标本突破本身，脱离匠气，切切实实地变成一件高雅的艺术品，提升其价值，这就对制作者的艺术修养有很高要求。制作者还要在灯光、摆放位置和角度上下功夫，甚至要提供一个大环境来烘托作品，这样才算完成整个作品的制作。

第 2 节　生物标本制作新技术

1. 动物骨骼标本

动物骨骼标本对动物学相关学科的研究有着十分重要的意义。人们通过观察动物骨骼标本，可以更好地认识动物运动系统的结构与特点，动物骨骼标本是研究动物进化的基础样本。通常意义上的骨骼标本是指经过各种方法剔除动物的肌肉后，将留下的骨骼经脱脂、漂白，按其自然状态串联起来的整体骨骼；或者根据需要，选择其中的一部分（如头骨等）或骨块保存下来的骨骼标本。骨骼标本包括软骨性和硬骨性两种类型的动物骨骼。

动物骨骼标本的制作水平对于动物骨骼的科学呈现至关重要。现有的动物骨骼标本制作技术在以往的技术上已经有了极大的改进，但在科学的制作和组装动物骨骼标本方面还存在很多问题，如对动物骨骼细微结构的处理及姿态的科学展示等方面。

（1）骨骼标本的数字化制作技术

数字化技术的引入对动物骨骼标本生物学数据的还原及储存有着重要的意义。例如，使用精确的动物骨骼标本数据采集系统对动物骨骼进行生物信息采集，调整采集方式对目标采集标本形状数据进行先期采集；采用实时合成技术对采集后的数据进行连续合成，在合成过程中对动物骨骼标本数据的重复信息点进行识别鉴定；对标本数据采集过程中的骨缝连接及滋养孔部分的生物学数据进行高分辨平面数据采集；对采集后的各属性数据比对动物骨骼标本进行数字化合成，将制作完成的动物骨骼数字化标本进行形态学调整及输出；等等。动物骨骼标本数字化制作技术是数字化与生物学采集方法的有效结合，动物骨骼标本数据的真实获取与科学展示将极大地推动相关学科的研究和发展。同时，对濒危动物的生物资源保藏也有着重要的意义。

（2）骨骼标本的透明化染色技术

骨骼标本的透明化染色技术通常包括软骨染色技术和硬骨染色技术，是新型的原位骨骼染色技术。通过固定、脱脂、复水、染色、脱色等步骤，可制成单一的硬骨染色标本或者是复合的硬软骨染色标本。将经过染色处理的骨骼置于透明的密封容器内，可以制成海洋骨骼世界，再用特殊的灯光照明，就是一幅美丽的画面。同时，也可以用透明骨骼表现相互厮杀的激烈场景。透明骨骼标本的优点在于精确而直观地展示了生物体的骨骼结构与位置，犹如X光片，但相对于X光片的平面呈现，透明骨骼标本则更具有立体性。另外，通过染色技术将骨骼染成绚丽的颜色，各种精细结构也得以更好的呈现，避免了在传统的骨骼标本制作过程中解剖取骨清洗再组装而导致的骨骼相对位置的改变。家兔骨骼标本如图9－2所示。

图9－2　家兔骨骼标本

2. 动物剥制标本

动物剥制标本是剥取动物皮张，经防腐或鞣制处理，在皮张内依托支撑和填充物的塑造所制成的标本。兽类、鸟类、爬行类和中大型鱼类等均可制成剥制标本。

传统剥制技术是伴随动物学而诞生的一项集多学科知识于一体的专门技术，始于英国，至今已有300年的历史。此后，动物剥制技术就有了更鲜明的主题和生命力，即为动物学相关学科服务，并得到了系统的发展和广泛的传播。19世纪，人们开始请家具装饰店的工匠把兽皮缝起来，再将毯子、棉花等填充物塞进去，制成装饰品。19世纪末20世纪初，剥制标本制作技术从欧洲传到中国。世界各地的学校和博物馆收藏了各式各样的标本使人们通过观察标本增长知识。这些标本也为科学家对各种生物的研究提供了样本。现代剥制技术是一种以剥制技能为基础，与现代模型技术及现代鞣制方法交织在一起的，由多学科、多项技术手段组成的综合性的科学技能，原有的剥制标本的概念已得到了更新。

（1）假体制作技术

现代标本力求形态逼真、鲜活生动，追求真实性与艺术性并存，不仅注重标本的整体形态，更注重细微结构的体现，这不仅要求制作者拥有高超的制作技术，对标本的制作工艺也提出了更高的要求。于是，在此背景下，现代标本的假体制作技术和工艺流程迅速发展起来。为了摆脱标本制作的粗劣形象，现代标本的剥制技术早已离不开假体制作技术的应用。现代假体制作技术摆脱了完全依赖石膏的时代，而是广泛使用各种类型的新材料（如硫化胶、硅橡胶等），从而减少了模具分块的烦琐，使复原精度得到提高。填充物材料的使用也发生了较大变化，从原来较多使用的草、木、棉、石膏等材料，到现在的聚氨酯、聚苯乙烯树脂、611 环氧树脂、618 环氧树脂、义齿树脂、义齿基托树脂。这不仅减轻了标本的重量，也使标本变得更逼真。目前，动物标本的假体制作工艺流程主要为设计模具→浇铸假体→修改假体→美化假体。按电脑上设计好的三维模型来制作假体的模具，确保浇铸出来的毛坯与所需要的假体相吻合。

（2）制革鞣制技术

许多动物标本的制作过程中剥下的皮张不能立即用于标本的制作，需要对皮张进行一系列的处理，这一步是动物标本制作中最重要的一个环节，因为皮张处理的好坏会直接影响动物标本的制作质量、后续展示及保养效果的好坏。

传统的皮张处理有诸多缺点，如脱脂不彻底、纤维间质未去除、皮张收缩幅度大和标本易变形等。这是因为在传统的标本制作过程中，很多动物标本的皮张并没有进行鞣制。没有经过鞣制的皮张仍为生皮，生皮的稳定性很差，容易受到各种环境因素的影响。在覆皮完成后，不利的环境因素会导致生皮皮张各部位不同程度的收缩，从而使标本形态变形，制成的标本不真实，失去了标本制作的意义。鞣制是鞣剂分子向皮内渗透并与生皮胶原分子活性基团结合而发生性质改变的过程。鞣制使生皮胶原多肽链之间生成交联键，增加了胶原结构的稳定性，提高了收缩温度及耐湿热稳定性，改善了标本皮张抗酸、碱、酶等化学药品的能力。经过鞣制的皮张就是熟皮，熟皮的皮张稳定性高，不易变形。在现代剥制标本制作过程中，制革鞣制技术也应用了进来，使用鞣制好的裘皮，可以避免生皮在标本成形后发生的变形和干裂现象，提高了动物标本的整体效果。目前国内外主要是采用酸和铬盐鞣制裘皮；也有人利用柠檬酸、硫酸铵、氯化铝等化学药品进行鞣制，并取得了不错的效果。随着制革业的发展，各种新型有效的鞣制技术不断诞生，制革鞣制技术在剥制标本的制作中将会得到越来越广泛的应用。

3. 水晶滴胶标本

水晶滴胶，也称为环氧树脂 AB 胶、人工琥珀等。它是一种双组分液体混合物，即环氧树脂 A 胶和固化剂 B 胶。它的特点是透明度高、硬度高、耐黄变、抗折性好，常用于徽章、铭板等产品表面装饰、艺术品加工。现在也被广泛用作一些植物及昆虫标本的包埋材料。传统的植物标本常与空气接触，受环境影响较大，潮湿环境下容易生霉，并且易受蛀虫侵蚀，也易受到机械性损坏，需定期维护。现在越来越多的人尝试将植物材料放入水晶滴胶里制成植物滴胶标本，相比于传统的腊叶标本和琥珀标本，植物滴胶标本具有立体感强、透明度高、硬度高、稳定易保存、不褪色等优点，特别是观察植物的组织形态和叶脉纹理，更是一目了然、清晰可见，具有极佳的立体空间美感。同时，水晶滴胶制作方法更是具有操作简便、成本低廉等特点，在用于科教展品展列，科普教育，植物文化展示，中小学生自然认知、自然教育，青少年手工课开发，自然课程设计等方面具有广阔的应用前景。

参考文献

[1] 倪兰瑜，王祥生．植物标本制作 [M]．福州：福建科学技术出版社，1983.

[2] 刘德旺，青梅，于娟，等．标准化操作规程在腊叶标本制作中的应用研究 [J]．内蒙古医科大学学报，2014，36 (S2)：971-974.

[3] 邹宏毅，宋培浪，魏升华，等．药用植物腊叶标本的制作技术要点 [J]．农技服务，2019，36 (4)：73-74.

[4] 张晓波，赵晓丹，孙文松．药用植物腊叶标本制作过程中应注意的问题 [J]．辽宁农业科学，2019 (2)：65-66.

[5] 李凤丽，周群华．黄花带绿叶和白花带绿叶植物浸制标本的制作 [J]．山东林业科技，2015，45 (3)：86-87，90.

[6] 王振平，孟焕文，伊卫东，等．用脲醛树脂制作昆虫标本方法的研究 [J]．内蒙古农业大学学报（自然科学版），1999 (4)：127-129.

[7] 刘福林，李淑萍．昆虫琥珀标本制作的改进方法 [J]．生物学教学，2007 (3)：55-56.

[8] 单鹍，马鸣一，张年狮．标本制作鞣制技术及相关设备 [J]．农技服务，2010，27 (5)：675-676.

[9] 李文婧，何顺福，陈晓澄．哺乳动物标本制作中皮张的鞣制 [J]．四川动物，2009，28 (4)：593-594.

[10] 李靖，廖学品，孙青永，等．一种新型噁唑烷鞣剂及其与栲胶的结合鞣制技术 [J]．中国皮革，2010，39 (7)：1-5.

[11] 文怀兴，褚园，章川波．皮革真空鞣制技术的试验研究 [J]．真空科学与技术学报，2008 (2)：185-187.

[30] 鲍方印，刘昌利．生物标本制作 [M]．合肥：合肥工业大学出版社，2008.

[12] 伍玉明．生物标本的采集、制作、保存与管理 [M]．北京：科学出版社，2010.

[13] 郑明顺，姜玉霞，金志民．生物标本技术 [M]．哈尔滨：东北林业大学出版社，2004.

[14] 鄂永昌，冯宋明．生物标本制作法 [M]．北京：科学普及出版社，1988.

[15] 徐亚君．昆虫标本的采集、制作与识别 [M]．合肥：安徽教育出版社，1987.

[16] 肖方，林峻，李迪强．野生动植物标本制作 [M]．北京：科学出版社，1999.

[17] 刘心源．植物标本采集、制作与管理 [M]．北京：科学出版社，1981.

[18] 赵超然，高本刚．脊椎动物标本的采集与制作 [M]．合肥：安徽教育出版社，1991.

[19] 梁玉实．动物骨骼标本制作与管理 [J]．吉林农业科技学院学报，2006 (4)：38－39.

图书在版编目(CIP)数据

生物标本制作简明教程/王军辉,刘咏,李强明编著．—合肥:合肥工业大学出版社,2022.8(2024.3 重印)

ISBN 978 - 7 - 5650 - 5269 - 9

Ⅰ.①生…　Ⅱ.①王…②刘…③李…　Ⅲ.①生物—标本制作—高等学校—教材　Ⅳ.①Q - 34

中国版本图书馆 CIP 数据核字(2022)第 135098 号

生物标本制作简明教程

SHENGWU BIAOBEN ZHIZUO JIANMING JIAOCHENG

王军辉　刘　咏　李强明　编著　　　　责任编辑　汪　钵　赵　娜

出　版	合肥工业大学出版社	版　次	2022 年 8 月第 1 版
地　址	合肥市屯溪路 193 号	印　次	2024 年 3 月第 2 次印刷
邮　编	230009	开　本	710 毫米×1010 毫米　1/16
电　话	理工图书出版中心:0551 - 62903004	印　张	5.75
	营销与储运管理中心:0551 - 62903198	字　数	110 千字
网　址	press.hfut.edu.cn	印　刷	安徽昶颉包装印务有限责任公司
E-mail	hfutpress@163.com	发　行	全国新华书店

ISBN 978 - 7 - 5650 - 5269 - 9　　　　定价:25.00 元

图书在版编目(CIP)数据